懒人健康菜

萨巴蒂娜◎主编

U0213598

中国轻工业出版社

在追求偷懒和健康的路上越走越远

你问我是不是一个很懒的人？我是不承认的。只要条件允许，我必须要自己做饭吃。因为我嫌外卖不干净，更关键的是，绝大多数外卖没有我自己做得好吃。

但在烹饪领域，我又是一个极度追求简单快捷方便的人，让我做几个小时的饭那是不可能的，一个小时是我的极限，15分钟最好，30分钟也可以接受。

所以，为了健康，我每天都自己做饭吃，而为了偷懒，我必须要煞费苦心。

我爱上了一切容易加工而且味道可口的食材，比如鸡腿肉，不用腌制，怎么炒都滑嫩，高蛋白低热量，味道又特别好。

我爱上了一切帮我省掉很多工序的品牌调味品，比如日式咖喱块，做一个咖喱鸡腿饭简直比叫外卖还快。

我爱上了一切能为我生活提供便利的场所，所以我总是居住在闹市，菜市场和便利店探手可得。

我爱上了一切可以网上购物的APP，我虽然居住在北京，但是我的厨房有整个世界。

所以，这本书就是讲这个事的：懒人也可以吃得开心又健康。

放心吃吧，世界就是懒人推动发展的。

高欣茹

萨巴蒂娜
个人公众订阅号

萨巴小传：本名高欣茹。萨巴蒂娜是当时出道写美食书时用的笔名。曾主编过五十多本畅销美食图书，出版过小说《厨子的故事》，美食散文集《美味关系》。现任"萨巴厨房"主编。

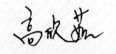 敬请关注萨巴新浪微博　www.weibo.com/sabadina

目录

计量单位对照表
1茶匙固体材料 = 5 克
1汤匙固体材料 = 15 克
1茶匙液体材料 = 5 毫升
1汤匙液体材料 = 15 毫升

CHAPTER 1

能量满满——
优质蛋白，简单做

番茄牛肉酱
016

牛排粒墨西哥玉米薄卷饼
018

燕麦牛肉串
020

炝拌肥牛
021

免治牛肉饭
022

简版小火锅
024

青咖喱羊肉
026

孜然羊肉
028

鹰嘴豆羊肉饼
029

红葱酥猪肉酱
030

红烧小肉丁
032

高汤蒸肉丸
033

蒜香猪排
034

豆豉仔排饭
036

黑椒柠檬煎鸡胸
038

CHAPTER 2

多维计划——
一步到"胃",轻松
"吃草"

五彩拌菜
082

生拌苤蓝丝
084

蒜泥西葫芦
085

泰汁莴笋虾仁
086

温拌秋葵北极贝
088

酸甜烤甜椒
090

烫嫩菠菜
091

油渣空心菜
092

黑椒汁小杏鲍菇
094

辣炒韭菜碎
095

小白菜粉丝煲
096

豆豉苦瓜
098

蒜酥水煮小油菜
100

白灼芥蓝
102

快炒荷兰豆
103

泡椒毛豆米
104

水芹香干
106

松子南瓜煲
108

蘑菇番茄炒蛋
110

软蒸菜饼
112

冬瓜蒸火腿
113

酱拌蒸菜
114

粉蒸豇豆粒
116

蘸水时蔬
118

手摇小菜团子
120

生菜春卷包
122

红烩烤时蔬
124

微波西蓝花
126

番茄杂蔬汤
169

酸辣牛丸汤
170

青菜鱼丸竹荪汤
172

南瓜羹
173

预约杂粮粥
174

豆浆多米粥
175

钢切燕麦牛奶粥
176

快煮瑶柱粥
177

山芋冰粥
178

水耳菜粥
179

细玉米面粥
180

冻水果奶昔
181

牛油果抹茶豆浆
182

香蕉芒果椰奶
183

蓝莓西柚豆奶
184

桃李醪糟汁
185

蜂蜜百香果水
186

香草水果冰水
187

雪梨牛奶杂粮思慕雪
188

香蕉苹果嫩菠菜思慕雪
189

初步了解全书

看着名字
就流口水

需要用到的食材一目了
然，要打有准备的仗

烹饪秘籍，
让你与美味
不再失之
交臂

时间、难
易度清楚
明了

懒人才有的
智慧、经验
和技巧，
让你既能
偷懒也能
解馋

详尽直观的操
作步骤让你简
单上手

为了确保菜谱的可操作性，

本书的每一道菜都经过我们试做、试吃，并且是现场烹饪后直接拍摄的。

本书每道食谱都有步骤图、烹饪秘籍、烹饪难度和烹饪时间的指引，确保您照着图书一步步
操作便可以做出好吃的菜肴。但是具体用量和火候的把握也需要您经验的累积。

知识篇

小电器大帮手，厨房里的"机器人"

1. 电饭煲

这是一款无所不能的厨房必备电器。煮饭、做蛋糕、焗鸡、菜饭一锅出，堪称蒸炖煮的全能选手。比如做玉米发糕，连发酵都可以在电饭锅里完成，最后只需要按下蒸煮开始键就可以了。

2. 高压锅

能快速炖肉、炖排骨，炖出的肉质软烂还能保持形状，汤色清澈。预约功能让早上也能快速喝上极费时间的杂粮粥，并且口感绵软顺滑，不伤胃。

3. 烤箱

蔬菜、肉类，放进烤箱烤一烤，再将锡纸、油纸一撤，连锅都不用刷就能享受美味。有些油炸的菜改用烤箱来做，不仅更健康，还更省事儿。

4. 微波炉

不仅可用来加热剩饭剩菜，还能做出很多简单美味的菜。炎热的夏天尤其适合使用微波炉，省去了在厨房里大汗淋漓的烹饪过程。

5. 蒸蛋器

那些要火候、要掐着时间的鸡蛋羹、溏心蛋，都可以交给蒸蛋器来完成。煮鸡蛋虽然简单，可是早上怎么也要七八分钟才能做好，有个能预约的蒸蛋器，早晨起床就能享用美味啦。

6. 电蒸锅

可以用来蒸鱼、蒸菜，吃起来健康还容易做。计时功能非常方便，只要设定好时间就不必再操心了。最主要的是它有自动断电的功能，能避免烧干锅的情况发生。目前的蒸汽烤箱，将蒸烤功能二合一，给家里的厨房省了更多地方。

洗洗切切，省时省力小快招

买什么菜

蔬菜越新鲜，择起来越省事，没有烂菜叶子，抖一抖泥土，洗一洗就可以烹饪。新鲜蔬菜吃起来也美味，营养也是最好的。有些菜买回来，一择菜就要个把钟头，这类菜还是等不忙的时候再买吧。好洗、好做的菜，才是繁忙时要买的菜。

怎么择菜

菜根以下5厘米全部切掉不要，这可以为你节省90%的择菜时间。蔬菜的泥土都集中在根部，只是洗洗泡泡也不能解决，还要一片片叶子择下来洗。不如稍稍多切掉一点菜根，把带有泥土的部分丢弃。浪费不了太多，却节约了宝贵的时间。

怎么洗菜

用长方形的洗菜盆，像小葱、韭菜之类的菜洗起来更方便、更干净。带上厨用胶皮手套洗黄瓜，又快又不扎手。泥土多的土豆、红薯等，戴手套洗也是好办法。干净的百洁布可以洗掉苦瓜缝隙里的泥土。

怎么切菜

可切丝、切片的切菜器是个好帮手，切粗丝、细丝、切片都不在话下。切出的菜粗细均匀，薄厚合适，速度还快。唰唰唰几下，一大盘菜就擦好了。用小料理机处理姜末、蒜末、辣椒末，不再怕辣手，也不用洗案板、菜刀。

发现菜市场、超市的半成品

许多人不想做饭，其实是止步于生肉、活鱼之类的食材。其实无论肉丝、肉片、肉馅、肉块，都可以请店家帮你处理好。买回来就用，完全不用动刀、沾案板。

现成的饺子皮、馄饨皮买回来就能包。手快的人，调个饺子馅儿，随捏随煮，十几分钟就能吃上热乎乎的饺子。

可以选用剥好的玉米粒、毛豆、蚕豆，去皮的莴笋、荸荠，水洗过的菠菜、胡萝卜等。店家为了生意，服务越来越周到，我们懒人也能更便捷。

切好的熟食、各种火腿，以及奶酪、豆制品等，都是懒人的好选择。比如一片火腿、一片奶酪、一片生菜，用吐司夹起来就是好吃的三明治，并且是最简单的蛋白质来源。

冷冻蔬菜、冷冻丸子、冷冻派皮、冷冻卷饼、冷冻春卷皮，这些都能在冰箱里储存一段时间，随用随取，稍微一加工就是美食。现成的饼皮上抹点番茄意面酱，加点奶酪，小朋友都能做出比萨来。

橱柜里的宝藏

← 调味酱

各种风味的调味酱，让你坐在家中就能享世界美食。用不完的酱料要放冰箱保存，尽量不要打开太多种，不然冰箱里会存满了你的酱料瓶。

→ 番茄酱

意粉酱、番茄泥、去皮番茄罐头……番茄类的味型，几乎人人都喜爱。制作罐头的番茄，都是在成熟期最好的时候采摘、制作的，所以风味也是最足的。给我们带来方便的同时，还有十足的美味。

← 即食食材

例如鱼罐头、肉罐头、豆子罐头、古斯古斯米、即食面、谷物早餐等，再搭配蔬菜、粗粮、水果，制作起来简单，又能吃下更多营养。

→ 高汤料包

尽量挑选品质高的。牛肉味的一般是牛肉高汤罐头和高汤块。鸡肉味的有瓶装的鸡汁高汤和浓缩鸡汁高汤块。海鲜味的有高汤料包、高汤块和瓶装高汤。吊高汤可是个费工夫的事情，有时选择市售的成品的确方便很多。使用高汤的同时，减少盐的用量，以免摄取太多的钠。

冰箱里的常备食材

剥好的大蒜，切好的葱花，洗净的香菜……看似不起眼，用量也不多，却真是菜到用时方恨少啊！最简单的蛋炒饭有了葱花，味道"高级"了许多。临时需要两粒蒜，拿出来就用，多方便。

每天都要吃蔬菜，可是真没有时间每天都买菜。怎么办呢？那么就集中采购吧。冰箱里的蔬菜按易坏程度排列，依次为芽苗、绿叶菜、根茎果实。如果需要储存一周所需的蔬菜，可以照这个顺序吃。先料理易坏的食材，最后吃耐储存的菜，一周只买一次菜不成问题。

各色沙拉酱：市售的沙拉酱味道越来越丰富，还有减脂健康版的可选。找出自己心仪的酱汁，就能做超简单又超好吃的沙拉。

炒好的肉末、炖一小锅肉酱、烤一批肉丸、做几块牛肉饼……这些都可以一次多做出来一些，分几份冷藏或冷冻在冰箱里，只要加上主食和蔬菜就是一餐。

开动懒人智慧，开心做菜

1. 提前准备，合理安排

集中采买几天量的菜，统一洗净，分类储存在冰箱里，令你随时都有干净的菜可以用，下厨也变得轻松。需要化冻的食材，提前一天放入冰箱冷藏化冻。需要解冻的鱼放入带沥水板的保鲜盒控水解冻。头天晚上做好第二天早餐的准备工作，早上分担一些晚餐的工作。能预约的提前预约，能腌制的提前腌制。

2. 事半功倍的时间法则

例如：

蒸米饭
🕐
30 分钟

↓ 蒸饭同时

烧水并备菜　　蛋花汤　　炒菜
🕐　　　　　🕐　　　🕐
5 分钟　　　10 分钟　　15 分钟

例如：

同时操作

电饭锅　　　　　高压锅　　　　　炒锅

↓　　　　　　↓　　　　　　↓

蒸饭　　　　　　炖肉　　　　　　炒菜

例如：

　　　　　　　　准备食材　　　　　　　准备沙拉
　预热烤箱同时　　🕐　　烤制同时　　🕐
　　　　　　　　10 分钟　　　　　　　20 分钟

CHAPTER 1

能量满满——
优质蛋白，简单做

90 分钟

适中

番茄牛肉酱

西式百搭酱

做法

❶ 洋葱、西芹、胡萝卜分别切末，大蒜切碎。

❷ 厚底炖锅烧热，加入橄榄油，放入洋葱、胡萝卜、西芹，中小火炒至水分收干。

❸ 加入番茄泥、番茄汁、香叶、牛肉高汤块，小火炖煮。

❹ 另起一个不粘锅，加入黄油、蒜末炒香。

❺ 加牛肉末、1/2茶匙盐、黑胡椒碎，炒至牛肉末有焦香味。

❻ 将炒好的牛肉末倒入番茄炖锅中，盖盖，小火慢炖1小时。

❼ 期间不时搅拌直到油脂分离即可。

❽ 汤锅加足量清水烧开，加入剩余盐，放入意面煮至九成熟。

❾ 将意面捞出，放入番茄牛肉酱锅内，用筷子翻拌均匀，即可装盘。

特色

牛肉是蛋白质含量比较多的肉类，富含不饱和脂肪酸、铁、B族维生素。尤其对于血红蛋白偏低的人来说，经常摄取些牛肉能改善贫血。将番茄和牛肉搭配，满满的维生素，浓浓的肉香，老少通吃哦。

主料

意面150克 / 牛肉末200克 / 洋葱30克 / 西芹30克 / 胡萝卜30克 / 番茄泥罐头200克 / 番茄汁200毫升

辅料

橄榄油1汤匙 / 黄油15克 / 盐2茶匙 / 黑胡椒碎1/2茶匙 / 大蒜2瓣 / 香叶2片 / 牛肉高汤块1个

烹饪秘籍

如果手边刚巧有打开的红酒，在炒牛肉末的时候，加1汤匙能够增加风味。因为用量很少，没有也可以不加。

懒人贴士

百搭的番茄肉酱熬上一小锅，可以随意搭配意面、欧包，还可以做千层面、焗饭。放在冰箱里冷冻、冷藏都可以。繁忙时取出肉酱，一会儿就能做出一餐饭。

牛排粒墨西哥玉米薄卷饼

食指大动，感受牛排与 TACO 的热情

🕐 20 分钟
🍲 简单

特色

TACO，即墨西哥玉米薄卷饼。焦香的牛排加上多种蔬菜，包裹上纯玉米面的墨西哥饼，荤素搭配，营养均衡。玉米饼被汤汁浸润，外脆内软，每一口都是健康与美味的完美结合。

做法

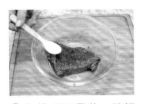

❶ 牛排两面撒盐、黑胡椒，腌制5分钟。

❷ 平底锅烧热，加橄榄油1茶匙，放入牛排煎至五成熟。

❸ 盛出放在砧板上静置5分钟后，切成粒。

❹ 烤箱200℃预热，把墨西哥玉米饼晾在烤网上烤2分钟。取出，晾凉。

❺ 圣女果切块，紫洋葱切丝，牛油果切小块。

❻ 切好的蔬果放入大沙拉碗，加橄榄油、黑胡椒、柠檬汁、煎牛排的汁，拌匀。

❼ 取一张墨西哥玉米饼放在手心，在饼皮里放入牛排粒，拌好的沙拉。

❽ 表面淋上酸奶酱和绿辣椒汁，撒上奶酪丝即可。

主料

墨西哥玉米饼4张／牛排200克／圣女果80克／紫洋葱80克／牛油果1个／奶酪丝40克

辅料

橄榄油2茶匙／盐1茶匙／黑胡椒1茶匙／柠檬汁1/4茶匙／绿辣椒汁2茶匙／酸奶酱1汤匙

烹饪秘籍

墨西哥玉米饼也可以放在平底锅里，单面加热使用。

懒人贴士

只需将玉米饼卷上肉和菜，卷一卷就可以吃了。饭菜合一，快捷又营养的典范。

CHAPTER 1 能量满满——优质蛋白，简单做

燕麦牛肉串

健康能量串串

特色

添加了燕麦的牛肉馅，穿到竹签上，并不麻烦却有趣。煎到焦香的牛肉串，里面还能吃到燕麦粒，每一口都很满足。补充蛋白质的同时还增加了粗粮的摄取。

主料

牛肉末 250 克 / 即食大燕麦片 30 克 / 洋葱 30 克 / 酸黄瓜 30 克 / 蛋液 25 克

辅料

橄榄油 2 茶匙 / 海盐 1 茶匙 / 黑胡椒碎 1/2 茶匙 / 大蒜 2 瓣 / 意大利香草碎 1/2 茶匙

烹饪秘籍

牛肉串煎熟以后，可以刷一层融化的黄油提升口感。

做法

❶ 洋葱、酸黄瓜、大蒜切成细小的粒。

❷ 在料理盆加入除橄榄油以外的所有材料，混合至牛肉馅发黏。

❸ 将肉馅分成8份，分别穿到小竹签上，做成肉串的形状。

❹ 平底不粘锅加橄榄油烧热，放入牛肉串，中小火煎至四面焦黄即可。

懒人贴士

相比用肉块一个一个地穿串，牛肉馅使用起来更方便，口感更嫩。

特色

肥牛经过余烫，去掉了更多的油脂，降低了脂肪含量。烹饪调料特别简单，肥牛特别好吃，蔬菜特别丰富，下饭一流。偏偏还这么好做，一定要学啊。

主料

肥牛 200 克 / 青椒 30 克 / 菠菜 30 克 / 樱桃萝卜 30 克 / 大葱 20 克 / 香菜 10 克

辅料

食用油 2 汤匙 / 蒸鱼豉油 25 毫升 / 白砂糖 1/2 茶匙

15 分钟
简单

炝拌肥牛
颜值不是盖的，美味无法抵挡

做法

❶ 青椒去子、切丝，大葱取葱白切丝。

❷ 菠菜取嫩叶，樱桃萝卜切片，香菜切段。

❸ 汤锅加足量清水烧开，放入肥牛余烫1分钟。

❹ 捞出肥牛，控干水分。

❺ 将肥牛放入料理盆中，摆上所有切好的蔬菜。

❻ 加入蒸鱼豉油和白砂糖。

❼ 炒锅加食用油，烧至八成热，快速淋到肥牛上。

❽ 将所有食材翻拌均匀，装盘即可。

烹饪秘籍

要想余烫出来的肥牛比较完整，一定要选品质好的厚切肥牛。

懒人贴士

牛肉片使用起来很方便，炖煮煎烤都可以。还方便冷冻在冰箱里，随吃随用。

免治牛肉饭

十拿九稳的港式风情

做法

❶ 姜切细末，小葱切粒，荸荠切碎，嫩芥蓝切段。

❷ 牛肉末放入料理盆中，加姜、葱、荸荠、胡椒粉、盐、白砂糖、米酒，搅拌至起胶上劲。

❸ 腌制15分钟后，将牛肉末拍成饼状。

❹ 不粘平底锅加食用油烧热，放入牛肉饼煎至八成熟。

❺ 在肉饼周围放上嫩芥蓝段，稍微翻拌一下。

❻ 将小砂锅烧热，盛入热米饭约八分满，铺平米饭。

❼ 把牛肉饼放在米饭上，淋上煎牛肉饼的汁。

❽ 肉饼中间磕入鸡蛋，周围放芥蓝。

❾ 盖上锅盖，中火焖2分钟，开盖，调大火，淋入煲仔饭酱油即可关火。

特色

煎肉饼的时候已经很香啦，再加上热米饭和充满美拉德反应的肉汁，就是美味又快捷的港式风味。牛肉丰富的蛋白质给繁忙的你快速补充能量。

主料

牛肉末200克／荸荠2个／热米饭350克／鸡蛋1个／嫩芥蓝2棵

辅料

食用油1茶匙／煲仔饭酱油1汤匙／盐1/2茶匙／白砂糖1/2茶匙／白胡椒粉1/2茶匙／米酒1汤匙／小葱10克／姜10克

烹饪秘籍

加入荸荠是为了给肉饼增加爽脆的口感，也可以换成脆山药或者莲藕。

懒人贴士

砂锅煮米饭需要点经验，用电饭锅蒸饭就简单多了。最后只需要将热米饭转移到砂锅里拗造型就可以了。

⏱ 15 分钟
👨‍🍳 简单

简版小火锅

简简单单，热气腾腾

特色

为了能够摄取多种营养，在一餐中尽量让食物种类多样化，避免某类食物过量摄取，充分考虑营养均衡和热量的摄取。涮羊肉也能清清淡淡，将经典的食材，都煮在小小的一锅里，全齐活儿了。

做法

❶ 娃娃菜切段，冻豆腐化冻，番茄切4块，绿豆粉丝用温水泡软。

❷ 浅炖锅内加入1升水和海米大火烧开。

❸ 将大葱、姜片、孜然粒、枸杞子放进调料包，加入炖锅中。

❹ 先将冻豆腐、番茄加入锅中炖5分钟。

❺ 依次加娃娃菜、绿豆粉丝、羊肉片。

❻ 待羊肉片全熟，撇去浮沫。即可整锅端上餐桌食用。

❼ 将小葱、香菜、大蒜、小米辣分别切末。

❽ 将菜末添加到涮羊肉蘸料里即可。

主料

羊肉片 250 克 / 娃娃菜 100 克 / 冻豆腐 100 克 / 番茄 100 克 / 绿豆粉丝 50 克 / 枸杞子 5 克 / 海米 2 个

辅料

大葱 10 克 / 姜片 5 克 / 孜然粒 5 克 / 小葱 5 克 / 香菜 5 克 / 大蒜 5 克 / 小米辣 1 个 / 涮羊肉蘸料 2 个

烹饪秘籍

买来的豆腐切块，间隔平铺在保鲜盒里，放入冰箱冷冻。

食用时直接拿出来放汤里就可以，非常方便，节约时间。

— 懒人贴士 —

想简简单单吃个涮羊肉，又不想架起火锅时，这样一锅端是最方便的了。

青咖喱羊肉

充满东南亚风味的羊肉

特色

辛辣甘香的羊肉咖喱，令人胃口大开。青咖喱酱是整道菜的特色，也是方便快捷的调味料，懒人也可以在家轻松做出异国风味。

做法

❶ 胡萝卜、甜椒切块，香菇对半切开，柠檬叶撕碎，羊肉切块。

❷ 不粘锅加食用油烧热，放入羊肉煸炒至没有水汽。

❸ 倒入1碗热水，再次烧开，捞出羊肉备用。

❹ 干净炒锅加椰子油烧热，转小火，加入青咖喱酱，翻炒至椰子油变成绿色。

❺ 加入椰浆和150毫升清水搅拌均匀。

❻ 调入鱼露，中火煮开。

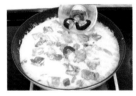

❼ 将胡萝卜、香菇、羊肉放入锅中，中小火煮大约15分钟。

❽ 加甜椒、白砂糖、柠檬叶，煮3分钟至香浓即可。

主料

羊肋骨肉 200 克 / 胡萝卜 50 克 / 红甜椒 40 克 / 香菇 2 朵 / 青咖喱酱 30 克 / 椰浆 250 毫升

辅料

椰子油 1 汤匙 / 食用油 1 茶匙 / 白砂糖 10 克 / 柠檬叶 4 片 / 鱼露 1 茶匙

烹饪秘籍

柠檬叶要撕碎，味道才能释放出来。早点加入鱼露，可以蒸发掉部分腥味。

懒人贴士

咖喱浓郁的滋味来自于丰富的调味料，使用现成的咖喱调料就简单多了。

⏱ 15 分钟
🍲 简单

孜然羊肉
热辣来袭，胃口全开

特色

羊肉肉质细嫩，容易消化吸收。还能促进血液循环，增强御寒能力。利用懒人食材冻羊肉片，做出人气十足的孜然羊肉。鲜香扑鼻的孜然羊肉配米饭，夹烧饼，非常治愈。

主料

冻羊肉片 300 克 / 大葱 60 克 / 香菜 50 克

辅料

食用油 1 汤匙 / 酱油 2 茶匙 / 盐 1 茶匙 / 白砂糖 1/2 茶匙 / 大蒜 3 瓣 / 孜然 2 茶匙 / 辣椒粉 2 茶匙

做法

❶ 大葱取葱白切丝，香菜切段，大蒜切片。

❷ 汤锅加足量清水烧开，放入羊肉片汆烫至熟，捞出控干水分。

❸ 不粘炒锅加食用油烧热，放蒜片爆香，加入羊肉片翻炒至水分变干。

❹ 保持中大火，加盐、白砂糖、孜然、辣椒粉调味。

❺ 加葱丝、香菜略微翻炒。

❻ 烹入酱油，炒匀即可出锅。

烹饪秘籍

羊肉片捞出的时候多抖一抖，尽量控干水分，炒出来的肉片才有干香浓郁的口感。

懒人贴士

切过生肉，又要洗砧板，又要洗刀，还一手的油。用冻羊肉片就全解决了。

鹰嘴豆羊肉饼
健康定制私房味

⏱ 25 分钟
🍲 简单

特色

羊肉含有较少的脂肪和丰富的营养元素，如矿物质铁和锌，能提高人体的免疫力，增强活力。善用现成食材，将多种营养组合在一起，做自己的懒人料理。

主料

羊肉末 200 克 / 罐头鹰嘴豆 60 克

辅料

食用油 1 汤匙 / 面粉 2 汤匙 / 洋葱 30 克 / 大蒜 20 克 / 欧芹 20 克 / 盐 1 茶匙 / 孜然粉 2 茶匙 / 粗粒辣椒粉 2 茶匙 / 小茴香粉 1/2 茶匙 / 姜黄粉 1/2 茶匙

做法

❶ 洋葱、大蒜、欧芹切细末。

❷ 罐头鹰嘴豆充分沥干水分，压成泥。

❸ 在料理盆中加入羊肉末和鹰嘴豆泥拌匀。

❹ 再将除食用油和面粉以外的所有调料加入盆中，搅拌至上劲有黏性。

❺ 把羊肉馅团成 50 克一个的球压扁，两面蘸少许面粉备用。

❻ 不粘锅加入食用油烧热，放入羊肉饼，中小火两面煎至焦黄即可。

烹饪秘籍

欧芹属于欧式香草，买不到欧芹，可以用芹菜、香菜代替。

懒人贴士

鹰嘴豆泡发、炖煮需要一段时间，使用罐头鹰嘴豆打开即可使用，比较方便。

红葱酥猪肉酱

面饭好搭档

🕐 40 分钟
🍲 适中

做法

❶ 洋葱去皮，切短丝。

❷ 大米洗净，加1.2倍清水，放入电饭锅中蒸米饭。

❸ 不粘锅无油加入猪肉末和盐，中火煸炒，直到肉粒干爽析出油分。

❹ 加入洋葱丝，煸炒至金黄有焦香味。

❺ 加生抽、老抽翻炒上色。

❻ 加入适量热水，没过肉末。

❼ 水开后加入胡椒粉，转小火，盖盖慢炖20分钟。

❽ 开盖，中大火收浓汤汁。

❾ 加入红葱头酥，拌匀即可关火。搭配米饭食用。

特色

无糖、无油的红葱酥猪肉酱，一样能好吃到惊叫：妈妈咪呀。喷喷香的米饭，配上浓香浓香的肉酱，就是属于自己的超人气快手餐。

主料

猪肉末 250 克 ／ 洋葱 100 克 ／ 大米 200 克

辅料

生抽 1 汤匙 ／ 老抽 1/2 茶匙 ／ 盐 1/2 茶匙 ／ 胡椒粉 1/2 茶匙 ／ 红葱头酥 1 汤匙

烹饪秘籍

肉酱可以多做一些，分几份储存在冰箱中，冷藏可一周，冷冻则一个月内吃完。

懒人贴士

拥有一罐红葱猪肉酱，今天可以搭配一碗米饭，明天可以搭配一碗热面，可谓冰箱里的肉酱主打星。

红烧小肉丁

那些熟悉的味道

🕐 30 分钟
🍳 适中

特色

人见人爱的红烧小肉丁，谁做谁开心。使用小小的肉丁，尽可能煸炒出油分，是打造健康红烧肉的小心机，让下筷子时的你不受肥肉影响。浓郁下饭，带着丝丝酸甜。

主料

带皮五花肉丁 250 克

辅料

生抽 1 汤匙 / 红烧汁 1/2 茶匙 /
小葱 20 克 / 姜片 2 片 / 冰糖粉
2 茶匙 / 冰花酸梅酱 2 茶匙

做法

❶ 不粘锅无油加入五花肉丁，中火煸炒至没有水汽。

❷ 加入冰糖粉，不断翻炒至肉丁微微焦黄。

❸ 加入生抽、红烧汁、小葱、姜片翻炒上色。

❹ 倒入适量开水没过肉丁，水开后调小火，盖盖炖10分钟。

❺ 开盖，夹出小葱和姜片不要。

❻ 加入冰花酸梅酱，调大火收浓汤汁即可。

烹饪秘籍

冰花酸梅酱咸甜酸口，可以给炖肉去腻，增添风味。

懒人贴士

用超市切好的五花肉丁做红烧肉，用时短，还方便煸炒出肥油。

特色

一口一个的蒸小肉丸，肉质嫩滑有层次，汤汁都很鲜美。吃起来方便，做起来也不麻烦。加入些蔬菜不但在味道上丰富起来，还能做到营养均衡。

主料

猪肉末 180 克／土豆 50 克／菠菜叶 30 克／咸火腿 15 克／鸡蛋 1/2 个

辅料

鸡高汤 100 克／盐 1 茶匙／姜 5 克／米酒 2 茶匙／胡椒粉 1/2 茶匙／淀粉 2 茶匙

⏱ 40 分钟
🍲 简单

高汤蒸肉丸

儿时的记忆，蒸的美味

做法

❶ 姜切细末，菠菜叶切末，土豆去皮、切小粒，咸火腿切小粒。

❷ 将猪肉末放入料理盆，搅打至起胶。

❸ 加入除了鸡高汤以外的所有材料拌匀。

❹ 将肉馅团成丸子大小。一个肉丸放入一个小碟。

❺ 倒入鸡高汤，加至八分满。

❻ 蒸锅加足量清水，放入小碟，水开以后蒸15分钟即可。

烹饪秘籍

也可以做成一整个肉饼，放在深盘里蒸熟。

懒人贴士

蒸的方式味道鲜美，无油烟，好操作。特别适合想要简简单单吃点健康菜的人。

蒜香猪排

30 分钟
简单

少油健康饱口福

特色

有少油烹饪的小方法，有特别添加的小作料，满满的大蒜香裹住厚厚的猪排，做出了这个与众不同的蒜香猪排。

做法

❶ 大蒜切细末，清水冲两遍，用厨房纸擦干水分。

❷ 麻辣花生米用料理机打碎。

❸ 烤箱预热200℃，烤盘铺烘焙纸。鸡蛋打散备用。

❹ 将蒜粒、麻辣花生碎、面包屑、食用油混合均匀，做成混合面包屑。

❺ 切断猪排侧面的筋，用肉锤轻轻捶松肉。

❻ 猪排表面均匀撒上椒盐、白胡椒粉、大蒜粉。

❼ 将猪排依次蘸上淀粉、鸡蛋液、混合面包屑。

❽ 猪排放入烤盘，入烤箱烤20分钟即可。

主料

猪排240克 / 面包屑100克 / 麻辣花生米40克

辅料

食用油1汤匙 / 大蒜4瓣 / 白胡椒粉1茶匙 / 椒盐1茶匙 / 大蒜粉1茶匙 / 淀粉3汤匙 / 鸡蛋1个

烹饪秘籍

1. 大蒜末洗掉黏液之后再烤，不容易煳。
2. 麻辣花生米里面的花椒和辣椒也可以一起打碎，风味更浓。

懒人贴士

将油炸的方式改用烤箱制作，既简单又健康。

豆豉仔排饭

简单快手，香喷喷的一锅

特色

又嫩又香的仔排，裹满肉香的米饭，谁都想做上一锅。不是懒人不懒人的问题，是它太香，太方便了。大快朵颐地吃肉也可以这么简单。

做法

❶ 大蒜、姜、小葱切末，小红辣椒切圈。

❷ 仔排放入料理盆，加入食用油、豆豉、生抽、白砂糖、姜、蒜、淀粉拌匀，腌制1小时。

❸ 大米淘洗干净，加入1.2倍的清水泡半小时。

❹ 将米及水加入电饭锅，如常蒸饭。

❺ 待程序进行一半，大米吸收了水分时开盖。

❻ 将小排平铺在米饭上，盖盖，直到米饭蒸熟。

❼ 程序结束，闷10分钟，打开盖子，倒入煲仔饭酱油拌匀。

❽ 出锅点缀小葱粒、辣椒圈即可。

主料

小仔排 250 克 / 大米 160 克

辅料

食用油 2 茶匙 / 豆豉 1 汤匙 / 生抽 1 茶匙 / 煲仔饭酱油 1 汤匙 / 白砂糖 1 茶匙 / 小葱 5 克 / 姜 2 克 / 大蒜 5 克 / 小红辣椒 1 个 / 淀粉 5 克

烹饪秘籍

仔排请店家剁得越小越好。因为蒸的时间不长，这样才比较容易熟。

懒人贴士

就算只有电饭锅，也能做出一锅出的美味。

黑椒柠檬煎鸡胸

味道顶呱呱，蛋白超丰富

做法

❶ 柠檬切片备用。鸡胸洗净，擦干水分。

❷ 用刀在鸡胸最厚的地方，从中间向两边片开，使整只鸡胸厚度一致。

❸ 用肉锤将鸡胸敲成厚度一致的厚片。

❹ 将鸡胸切成分量相等的两块。

❺ 鸡胸放入料理盆，加生抽、米酒、黑胡椒碎、淀粉抓匀。

❻ 平底不粘锅加橄榄油烧热，放入鸡胸、柠檬片。

❼ 中火煎至一面焦黄，翻面煎另外一面。

❽ 柠檬片也同时翻面。期间不时晃动锅子。

❾ 煎至鸡胸两面焦黄，取出装盘即可。

特色

鸡胸肉的蛋白质含量高，易于被人体吸收利用，所含脂肪少，是增肌减脂的美食。我们只需要一点点淀粉，就能让煎制的鸡胸外焦里嫩，告别又干又柴的鸡胸肉。

主料

鸡大胸1块 / 柠檬1/2个

辅料

橄榄油2茶匙 / 生抽2茶匙 / 米酒2茶匙 / 黑胡椒碎1/2茶匙 / 淀粉10克

烹饪秘籍

这里是两人份，如果一人食，可将另一块腌好的鸡胸放入保鲜袋，放进冰箱冷冻即可。

懒人贴士

冰箱里有一块腌制好的鸡胸，能很方便地满足一餐饭中蛋白质的需求。

⏱ 30 分钟
适中

辣拌鸡丝
人人都想要的好菜谱

特色

白白嫩嫩的鸡丝，加入惹味的炒辣椒，补充蛋白质的同时，也能享受美味。没有味道的鸡胸来做主角也很合适，是因为配角太精彩。

主料

鸡大胸 1 块／杭椒 100 克／红辣椒 3 个／榨菜 40 克／天津冬菜 15 克

辅料

食用油 2 汤匙／生抽 1 汤匙／老抽 1/2 茶匙／醋 1 汤匙／盐 1/2 茶匙／白砂糖 2 茶匙／藤椒油 1/4 茶匙／鸡汁 1/2 茶匙／小葱 15 克／姜 10 克／大蒜 20 克

做法

❶ 杭椒、红辣椒、榨菜、蒜切成粒。姜切丝。

❷ 炒锅加食用油烧热，下辣椒、姜、蒜、榨菜大火炒香。

❸ 加入盐、生抽、鸡汁调味。

❹ 加老抽调色，炒匀后即可盛出备用。

❺ 汤锅加入足量清水，放入鸡胸、小葱、天津冬菜，烧开后小火煮 20 分钟。

❻ 捞出鸡胸晾凉，撕成鸡丝。

❼ 大沙拉碗中放入鸡丝、步骤4的炒辣椒。加入醋、白砂糖、藤椒油拌匀即可。

烹饪秘籍

如果怕太辣，可以把红辣椒换成甜椒，颜色好看又不会太辣。

特色

鸡小胸大小合适，刚好穿一串。用现成的调料腌一腌，做个异国风味的鸡胸，搭配秘制蘸酱，秒杀街边鸡肉串。高蛋白，低脂肪，好味道。

主料

鸡小胸 200 克 / 椰浆 40 毫升 / 菠萝 40 克

辅料

椰子油 1 茶匙 / 沙嗲酱 2 汤匙 / 红椒粉 1 茶匙 / 薄荷叶 10 克 / 花生酱 1 茶匙

🕐 20 分钟
简单

沙嗲鸡肉串
穿起来的味觉享受

做法

❶ 鸡小胸用肉锤稍微拍松，菠萝捣成泥。

❷ 将鸡小胸放入料理盆，加1汤匙沙嗲酱和椰浆拌匀，腌制2小时。

❸ 拿出鸡小胸，穿到竹签上。一个鸡胸穿一串。

❹ 平底不粘锅加入椰子油烧热，将鸡肉串平放于锅内，中火两面煎至金黄色，期间可以再刷一点沙嗲酱汁。

❺ 将1汤匙的沙嗲酱和花生酱用2汤匙温水稀释，再加入菠萝泥，制作成鸡肉串的蘸酱。

❻ 取出鸡肉串装盘，上面撒红椒粉，点缀薄荷叶，搭配蘸酱食用。

烹饪秘籍

1. 沙嗲酱属于东南亚调料，口感香浓、润滑微甜。沙茶酱是用小鱼小虾干制作的，两者味道还是不同的。购买时不要弄错。

2. 使用小鸡胸，不需要自己再切块了，小小巧巧，方便使用。

茴香杏仁拌鸡丁

多滋多味，清爽宜人

⏱ 30 分钟
👨‍🍳 简单

特色

每一样食材都有自己独特的味道，在一起碰撞出清新的感觉，并且是少油少盐的健康菜。茴香补气，杏仁美容，鸡肉营养。

主料

鸡胸肉 100 克 / 山杏仁 80 克 / 茴香 50 克

辅料

盐 1/2 茶匙 / 杏仁油 1 茶匙 / 料酒 1 汤匙

做法

❶ 茴香洗净，控干水分，切末。

❷ 山杏仁泡水10分钟后控干水分。

❸ 汤锅加清水，放入鸡胸和料酒，中火煮开。

❹ 小火煮10分钟，再盖盖焖10分钟。

❺ 捞出鸡胸，彻底晾凉后切丁备用。

❻ 将山杏仁、鸡丁、茴香末放入沙拉碗中，加杏仁油、盐轻轻拌匀即可。

烹饪秘籍

杏仁片要选去皮脱苦、适合凉拌的杏仁。

懒人贴士

在凉拌杏仁的基础上加点鸡胸，制作方便还丰富了营养。

特色

据说这是你完全没有办法偷偷独自享用的美食。印度香料太惹味，坦都里鸡腿在烤的时候就已经是满屋飘香了。邻居家的小孩也闻到啦。

主料

鸡小腿 4 个／无糖酸奶 100 克

辅料

坦都里香料 2 汤匙／红椒粉 1 茶匙／孜然粉 1 茶匙／姜 5 克／大蒜10 克

⏱ 60 分钟
👨‍🍳 简单

坦都里烤鸡腿

喷香扑鼻，挡不住的诱惑

做法

❶ 鸡腿去皮。姜、蒜擦成泥。

❷ 将鸡腿放入料理盆中，加入所有调料抓匀，腌制2小时。

❸ 烤箱预热190℃，烤盘垫锡纸，放上鸡腿。

❹ 放进烤箱中层烤45分钟。

❺ 取出烤盘，倒出汁水，再放回烤箱。

❻ 调200℃开上火烤5分钟，烤至鸡腿表面焦黄即可。

烹饪秘籍

为了鸡腿更入味，可以提前一晚腌制。中途烤鸡倒出的汁可以留下做咖喱使用。

懒人贴士

有些异域风味材料复杂，使用现成市售调料会更方便，还能避免厨房堆积过多的调料。

CHAPTER 1 能量满满——优质蛋白，简单做

043

清汤鸡腿面

一碗有吸引力的面

⏱ 1小时
🍲 适中

特色

鸡腿也是非常好操作的食材。根据季节不同，还可以选些时令的食材，比如松茸、冬笋、虫草花等来炖一锅鸡汤。暖暖的滋味正好用来下一碗面。

做法

❶ 干香菇泡发，留下泡香菇的水。青蒜叶切末。

❷ 汤锅加水烧开，转中火，放入鸡腿焯1分钟。捞出用温水洗净。

❸ 炖锅内加1升纯净水。放入鸡腿、香菇、姜、黄酒，中火烧开，小火慢炖30分钟。

❹ 另取一个小汤锅，加入泡香菇的水，加热煮沸。

❺ 将炖好的鸡汤加入汤锅内，煮成鸡汤汤底。

❻ 汤锅内加盐和胡椒粉调味后，将汤底分别盛入面碗中。

❼ 汤锅另加水烧开，放入细面煮到九成熟捞出。

❽ 将细面分别放入面碗中，放上鸡腿，撒上青蒜叶即可。

主料

鲜鸡腿2个／细面150克／干香菇2朵

辅料

黄酒1汤匙／盐1/2茶匙／白胡椒粉1克／姜2克／青蒜叶20克

烹饪秘籍

将汤盛到碗里后，再放入面条，就可以防止面条粘在一起了。

懒人贴士

无须过多的调味，既简单也不失味道。

纸包鱼柳

20 分钟
适中

葱香扑鼻，一纸鱼味

特色

巴沙鱼柳无鳞无刺，整片鱼柳很好烹饪，作为蛋白质来源是很好的。忙的时候，只需包起来烤一烤。肉质鲜嫩，葱香下饭，胜在快捷，吃得舒服。

做法

① 烤箱预热180℃。小葱切细末。巴沙鱼化冻，洗净。

② 用厨房纸按压吸干巴沙鱼的水分。

③ 在烤盘上依次放上锡纸、烘焙纸，中间摆上巴沙鱼。

④ 先用烘焙纸折叠包裹好巴沙鱼，再用锡纸包裹固定。逐层裹严。

⑤ 送入烤箱中层，烤15分钟。

⑥ 炒锅烧热，加食用油、小葱，小火炒至葱白焦黄，小葱末浮起。

⑦ 加入蒸鱼豉油和1汤匙清水，烧开即可关火。

⑧ 取出巴沙鱼柳装盘，淋上1汤匙葱油即可。

主料

巴沙鱼柳 200 克

辅料

食用油 2 汤匙 / 蒸鱼豉油 2 汤匙 / 小葱 20 克

烹饪秘籍

将小葱切末炸葱油，用时短，里面的小葱吃起来也方便。

— 懒人贴士 —

葱油可以一次多做一些，拌面、拌饭都好吃。这也是懒人必备调味哦。

烧汁巴沙鱼

简单调味的精致烧鱼

特色

一小段鱼尾，要煎到焦香、翘起可爱的小尾巴，酥脆的外壳一下子就吸到了调味料的香气。一撮香菜辣椒可不是装饰，它能提升烧烤酱的风味。创造只属于你的烧汁鱼吧。

做法

❶ 甜椒切成圈，香菜切段，巴沙鱼化冻洗净。

❷ 用厨房纸按压吸干巴沙鱼的水分。

❸ 将巴沙鱼四周拍上面粉，轻轻抖落多余的面粉。

❹ 不粘锅加食用油烧热，放入巴沙鱼，中火煎至两面金黄。

❺ 加入生抽，晃动锅子，待巴沙鱼底面上色漂亮以后翻面。

❻ 加入韩式烧烤酱和1汤匙清水。

❼ 在鱼身上放甜椒、香菜。

❽ 转小火，盖盖，焖烧2分钟即可。

主料

巴沙鱼尾 180 克

辅料

食用油2茶匙／韩式烧烤酱2茶匙／生抽2茶匙／面粉15克／甜椒10克／香菜10克

烹饪秘籍

冷冻鱼很容易出水，干煎之前一定要尽量吸干水分。

懒人贴士

利用现成的烤肉汁制作，可省去自己调味的麻烦。

清蒸鱼

🕐 30分钟
🍲 适中

千变万化不如这一蒸

特色

鲈鱼肉质鲜美细嫩，适合清蒸。每周吃一两次鱼，是健康的需要哦。只要按照步骤操作，认真计时，就能让清蒸鱼变得十拿九稳。

主料

鲈鱼 600 克

辅料

食用油 2 汤匙 / 蒸鱼豉油 1 汤匙 / 小葱 20 克 / 姜 5 克

做法

❶ 小葱一半切段，一半切细丝。姜一半切片，一半切细丝。

❷ 鲈鱼洗净擦干，在背部肉最厚的地方开背。

❸ 蒸鱼盘子上架两根筷子，摆上鲈鱼。

❹ 将葱段、姜片放在鱼身上。

❺ 蒸锅加水烧开，将盘子放入蒸锅，盖盖，大火蒸8分钟。关火闷1分钟。

❻ 取出鱼，倒掉汤汁，丢弃蒸过的葱段、姜片，另放葱丝、姜丝。

❼ 炒锅加入食用油，烧至八成热。在鱼身淋蒸鱼豉油，泼上热油即可。

烹饪秘籍

蒸鱼的时候淋一汤匙水淀粉或者淋一点猪油，蒸出来的鱼肉更嫩。

特色

虾是高蛋白、低脂肪的食物。买到鲜活的基围虾，一定会想要白灼。只是用点小心思，加入了青柠和金橘，白灼虾立马不简单了。

主料

基围虾 500 克

辅料

青柠汁1茶匙 / 金橘4个 / 盐2茶匙

青柠白灼虾
柠香鲜灼，只只回味

做法

❶ 金橘洗净，对半切开。

❷ 汤锅加足量清水烧开。加入青柠汁、金橘。

❸ 放入基围虾，煮至八成熟。

烹饪秘籍

用加了青柠、金橘的水煮虾，剥完虾后手不腥。

❹ 加盐调味，即可关火起锅。

❺ 连汤带虾一起装盘即可。

懒人贴士

只是加了金橘、青柠，还是那个简单的白灼虾，味道可就清新了许多。

泰式海鲜丸子粉

⏱ 30 分钟
🍲 适中

火辣辣的热带享受

特色

如今各种现成的调味酱都有的卖，足不出户就可以在家料理出各国风味。一碗热情似火的泰式米粉，冲击我们的味蕾。

做法

❶ 圣女果、草菇对半切开。小米辣切粒。香菜切段，留香菜根。

❷ 汤锅加足量清水烧开。关火放入米粉，盖盖，浸泡5分钟。

❸ 捞出米粉，泡纯净水备用。

❹ 炒锅烧热，加入食用油，放入小米辣、香菜根、冬阴功酱煸炒出香味。

❺ 倒入清水800毫升，加鱼露、白砂糖、椰浆、柠檬叶烧开。

❻ 放入鱼丸、虾丸、圣女果、草菇，煮5分钟。

❼ 捞出米粉放进汤锅，点缀香菜段，即可关火。

主料

冻鱼丸 40 克 / 冻虾丸 40 克 / 宽米粉 40 克 / 草菇 30 克 / 圣女果 30 克

辅料

食用油 2 茶匙 / 冬阴功酱 1 汤匙 / 鱼露 1/2 茶匙 / 白砂糖 1 汤匙 / 椰浆 3 汤匙 / 柠檬叶 10 克 / 小米辣 10 克 / 香菜 10 克

烹饪秘籍

椰浆是为了柔和冬阴功酱的辛辣，没有可以用牛奶代替。

懒人贴士

速冻丸子很好用，做道酸辣鱼丸粉也不失风味。

30 分钟

简单

鲜虾小馒头

方便快捷，美味一锅出

特色

为了吃着更方便，用小馒头一夹，就是中式鲜虾堡啦。虾肉鲜甜，嫩滑多汁，时不时还能咬到一粒豆豉来提味。

做法

❶ 大蒜、红椒、香菜切末。

❷ 将蒜末、红椒末放入碗中，加豆豉拌匀。

❸ 鲜虾去头，去皮，留虾尾。开背去虾线。

❹ 速冻小馒头横切一刀，分开平放入蒸锅。

❺ 将开背虾放在小馒头底部的那一半上。

❻ 每个虾背上涂抹蒜蓉豆豉酱。

❼ 大火蒸5分钟。

❽ 取出鲜虾小馒头，撒香菜末即可。

主料

速冻小馒头 4 个 / 鲜虾 4 个

辅料

即食豆豉 20 克 / 大蒜 10 克 / 红椒 5 克 / 香菜 5 克

烹饪秘籍

豆豉酱要选择可即食的豆豉，咸度低，味道柔和。

懒人贴士

蒸馒头的同时，把虾也做熟了，一举两得。

CHAPTER 1 能量满满——优质蛋白，简单做

大排档鱿鱼蒸豆腐

20 分钟
简单

街边的美味，在家轻松搞定

特色

无敌蛋白质大碰撞，简单好做的大排档风格。鲜美的食材只需要热油的激发，在家里就能享受大排档美食。

做法

❶ 鱿鱼去内脏，清净、切段。豆腐切厚片。小葱切丝，小红辣椒切圈。

❷ 在盘子上平铺豆腐，再放上鱿鱼段。表面撒盐和胡椒粉。

❸ 蒸锅加水烧开，放入盘子，大火蒸5分钟。

❹ 取出盘子，倒掉汤汁。

❺ 淋蒸鱼豉油，摆上葱丝、辣椒圈。

❻ 炒锅加入食用油烧至八成热，淋到鱿鱼豆腐上即可。

主料

鱿鱼 400 克 / 豆腐 200 克

辅料

食用油 2 汤匙 / 盐 1/4 茶匙 / 蒸鱼豉油 2 汤匙 / 白胡椒粉 1/4 茶匙 / 小葱 10 克 / 小红辣椒 10 克

烹饪秘籍

淋热油的菜，油一定要烧热了再淋上去，用高温激发调料的香味。

懒人贴士

鱿鱼算是海鲜里面比较好操作的了，蒸鱿鱼豆腐更是简单中的简单。

麻婆日本豆腐

⏱ 30 分钟
🍽 适中

麻麻辣辣，鲜香有味

特色

日本豆腐具有豆腐的鲜嫩和鸡蛋的营养，放在冰箱里，保质期也比较长。用来做麻婆豆腐，一样是豆腐滚烫，肉末鲜香。麻辣鲜香烫，一样都不少。

做法

❶ 日本豆腐切厚片，豆瓣酱切碎，蒜切细末，青蒜切末。

❷ 炒锅加花椒粉、辣椒粉小火焙香，盛出备用。

❸ 炒锅加食用油，放入豆瓣酱炒香，加火锅底料、白砂糖炒匀。

❹ 放入猪肉末、蒜末炒散。

❺ 加入生抽调味，老抽调色。

❻ 倒入150毫升清水，放入日本豆腐，煮开。

❼ 淀粉加少许水调成水淀粉，分次加入锅中，晃动炒锅，至汤汁浓稠。

❽ 出锅装盘后，撒花椒粉、辣椒粉、青蒜末即可。

主料

日本豆腐 200 克／猪肉末 30 克／青蒜20 克

辅料

食用油 1 汤匙／豆瓣酱 2 茶匙／火锅底料5 克／生抽 1 茶匙／老抽 1/8 茶匙／白砂糖 1 茶匙／大蒜 5 克／花椒粉 3 克／辣椒粉 3 克／淀粉 5 克

烹饪秘籍

切豆瓣酱时，砧板会被染色，可以使用料理机打碎。

懒人贴士

做麻婆豆腐的秘诀就是加一点火锅底料，它能极大地丰富味道，还方便易得。

CHAPTER 1 能量满满——优质蛋白，简单做

⏱ 15 分钟
🍳 简单

油淋老豆腐块

大道至简，最爱中国味

特色

豆腐营养丰富，是很好的优质蛋白质、铁、钙的来源，易吸收，好消化，还是能在最短的时间做出的一道下饭菜，满足你的中国胃。

主料

老豆腐 200 克

辅料

食用油 2 汤匙 / 蒸鱼豉油 2 汤匙 / 香醋 2 茶匙 / 白砂糖 2 茶匙 / 藤椒油 1 克 / 香葱 15 克 / 小米辣 15 克 / 香菜 5 克

做法

❶ 香葱切段，小米辣、香菜切末。

❷ 烧一锅开水，放入老豆腐烫 2 分钟。

❸ 捞出豆腐控水，放入盘中。

❹ 在豆腐块上均匀地放上除了食用油以外的所有调料。

❺ 小锅烧热食用油，淋在豆腐上即可。

烹饪秘籍

可以加入多种品牌的生抽，味型会更复合。

懒人贴士

豆腐烫一下，放调料，淋热油就可以了。就是这么简单。

特色

豆腐是嫩嫩的、小蘑菇是可爱的，一起在锅里咕嘟咕嘟，这么可口的菜，必须一做再做。

主料

嫩豆腐 200 克 / 蟹味菇 80 克

辅料

食用油 2 茶匙 / 生抽 1 汤匙 / 白砂糖 1 茶匙 / 淀粉 5 克 / 酸菜 20 克 / 榨菜 20 克 / 小葱 5 克

🕐 20 分钟
👨‍🍳 简单

小蘑菇咕嘟豆腐
百吃不厌的家常滋味

做法

❶ 豆腐切块，蟹味菇切去根部。

❷ 酸菜、榨菜、小葱切末，淀粉加水调匀。

❸ 炒锅烧热，加食用油，放入酸菜末、榨菜末炒香。

❹ 加入生抽、白砂糖和150毫升清水，大火烧开。

❺ 放入豆腐块、蟹味菇，转小火炖10分钟。

❻ 淋水淀粉勾薄芡，撒葱花，即可起锅装盘。

烹饪秘籍

酸菜是用来做酸菜鱼的那种老坛酸菜，炒过之后酸香可口，非常提味。

浸溏心蛋

尽享六分十秒的美味

⏱ 30 分钟
🍲 简单

特色

浸鸡蛋的汤料可以是中式的、日式的、自创的。鸡蛋营养全面还好吸收，让我们换着花样吃它吧。

做法

主料

鸡蛋 4 个

辅料

生抽 1 汤匙

❶ 小汤锅加入足够没过鸡蛋的清水，烧开。

❷ 把鸡蛋放入漏勺，轻轻放入锅中，保持中大火。

烹饪秘籍

浸溏心蛋放冰箱冷藏一晚，蛋黄的口感更细腻浓郁。

❸ 计时器定时6分10秒。准备一盆冷水。

❹ 开始2分钟，不时用筷子搅动鸡蛋，使鸡蛋受热均匀。

懒人贴士

只要溏心蛋煮得好，即便是用最简单的调料腌渍也非常好吃。

❺ 计时结束，捞出鸡蛋，快速放入冷水盆。

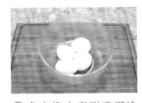

❻ 多次换水直到鸡蛋冷却，剥壳备用。

❼ 碗中加入生抽和1汤匙纯净水。

❽ 放入剥壳的鸡蛋，覆盖一张厨房纸，浸10分钟即可。

20 分钟
简单

开胃老蛋羹
一定要尝试的好味道

特色

老蛋羹没有好看的外表，也不需要小心翼翼地照看。只管让蛋羹蒸出蜂窝，正好可以吸附汤汁。温度加豉油、醋、香油，无敌了，光闻一闻就要流口水。

主料

鸡蛋 3 个

辅料

蒸鱼豉油 2 茶匙 / 香醋 2 茶匙 / 香油 1 茶匙

做法

❶ 将鸡蛋磕入碗中打散。蒸锅加水烧开。

❷ 取一个蒸碗，在碗壁抹少许香油。

❸ 将打好的蛋液倒入碗中。

❹ 放入蒸锅，中大火蒸 10 分钟，至鸡蛋羹成蜂窝状。

❺ 取出蛋羹，淋上蒸鱼豉油、香醋、香油即可。

烹饪秘籍

同样的步骤，还可以选择放入微波炉做蒸蛋羹。

懒人贴士

只需放入蒸屉上一蒸，无须任何烹饪技术的简单菜。

特色

你知道马克杯也能做美食吗？食材放入马克杯中拌一拌，放入微波炉转几分钟，就可以享用美食了。小小一杯，各样食材都来一点，营养很丰富呢。

主料

鸡蛋 2 个 / 马苏里拉奶酪片 1 片 / 豆腐 30 克 / 胡萝卜 30 克 / 西蓝花 30 克 / 口蘑 1 个

辅料

橄榄油 1/2 茶匙 / 盐 1/8 茶匙 / 黑胡椒碎 1/8 茶匙

奶酪鸡蛋马克杯
营养全面的快手菜

做法

1 胡萝卜切丝，西蓝花切成小朵，口蘑切片，豆腐压碎，奶酪片撕块。

2 在砧板上混合以上食材。

3 将鸡蛋、橄榄油、盐、黑胡椒碎放入马克杯，用叉子搅匀。

4 将砧板上的食材放入马克杯，用叉子稍微翻拌一下。

5 放入微波炉，高火转3分钟即可。

烹饪秘籍

微波炉功率不同，可根据实际情况调整烹饪时间。微波转 1 分钟后可以将杯子拿出来搅拌一下，再接着微波。

懒人贴士

微波炉加马克杯，是又有噱头又方便的快捷烹饪方式。

大厨奶酪三明治

最具野心的三明治

特色

各种奶酪夹在里面，厚厚的才够味道。抹了黄油的煎面包片酥脆得入口即化。我想大力水手肯定不止吃了菠菜，也一定吃了好多奶酪，才能那么强壮。

做法

❶ 黄油室温软化。将吐司单面涂抹一半量的黄油。

❷ 大号不粘平底锅烧热，加入橄榄油。

❸ 将吐司抹黄油的一面向下放入锅中。调中火，晃动锅子，使吐司片均匀受热。

❹ 转小火，在两片吐司上铺上各种奶酪片，轻轻按压。

❺ 待吐司一面焦黄时，合起吐司片，将奶酪夹在中间。

❻ 在吐司上面刷剩余的黄油，翻面继续刷黄油。

❼ 保持小火，两面煎脆即可盛出。

❽ 用面包刀对角切开即可。

主料

全麦吐司 2 片 / 切达奶酪 2 片 / 马苏里拉奶酪 2 片 / 帕马森干酪 1 片

辅料

橄榄油 1 茶匙 / 无盐黄油 15 克

烹饪秘籍

想要更简单些，还可以直接使用混合奶酪碎，也非常好吃。

懒人贴士

奶酪够好，吐司煎得够脆，想不好吃都难啊。

⏱ 15分钟
🍳 简单

奶酪番茄吐司条

彩绘色香味，清爽吐司条

特色

圣女果配水牛奶酪和罗勒，把意大利风味放在面包片上，做个美美的吐司条。外表美得不要不要的，味道清新得不行不行的。

主料

水牛奶酪球 50 克 / 吐司面包 1 片 / 圣女果 4 个

辅料

橄榄油 1 茶匙 / 初榨橄榄油 1 茶匙 / 海盐 1/2 茶匙 / 黑胡椒碎 1/4 茶匙 / 罗勒叶 5 克

做法

❶ 圣女果洗净，切厚片。水牛奶酪球切厚片。

❷ 吐司片切成4条，淋橄榄油。

❸ 不粘锅烧热，放入吐司条煎脆。

❹ 在吐司条上间隔放上奶酪片和圣女果片。

❺ 撒上黑胡椒碎和海盐，淋初榨橄榄油。

❻ 点缀罗勒叶即可。

烹饪秘籍

选购水牛奶酪小球，个头刚巧与圣女果的大小差不多。

懒人贴士

将番茄奶酪沙拉变个造型，又是一道完美的健康菜。

多维计划——
一步到"胃",轻松
"吃草"

黑椒罗勒冰番茄

冰凉清爽，盛夏新宠

特色

冰冰凉凉、多汁的圣女果，祛暑的同时补充维生素。酸里带点盐，一点胡椒，一点辛辣，打开你的味蕾，别有一番滋味。让丰富的滋味充满整个夏季。

做法

❶ 圣女果洗净，顶面十字刀划开表皮。

❷ 汤锅加足量清水烧开，放入圣女果余烫30秒。

❸ 捞出圣女果，放入冰水降温，剥去圣女果外皮。

❹ 将去皮圣女果和番茄汁装入容器密封，放入冰箱冷藏2小时。

❺ 取出圣女果，放入沙拉碗中，加海盐、黑胡椒碎、橄榄油调味。

❻ 将圣女果装盘，点缀罗勒叶即可。

主料

圣女果 200 克 / 番茄汁 200 毫升

辅料

初榨橄榄油 1 茶匙 / 海盐 1/2 茶匙 / 黑胡椒碎 1/4 茶匙 / 罗勒叶 10 克

烹饪秘籍

番茄汁可以用纯净水代替，再加些罗勒叶、薄荷叶，味道也很清新。

懒人贴士

无油烟，好操作。只需一点点耐心，就能做出简单清爽的开胃小菜。

小木耳酸辣藕丁

酸甜爽脆又养眼

⏱ 30分钟
🍲 适中

特色

木耳和莲藕是不太容易入味的食材，加入酸辣的野山椒后，就变成了有酸、有甜、有辣。木耳和莲藕是富含膳食纤维的食物，带着好滋味多吃点吧。

做法

❶ 干木耳泡发，洗净，撕成小朵。

❷ 莲藕去掉外皮，切成丁，泡入清水中。

❸ 汤锅加足量清水烧开，放入藕丁、木耳烫熟。

❹ 捞出，过几遍凉水，直到降温，控干水分。

❺ 将藕丁、木耳放入容器中，加入所有调料拌匀。

❻ 密封后放入冰箱冷藏30分钟即可。

主料

莲藕 150 克 / 干木耳 10 克

辅料

野山椒 5 个 / 泡野山椒水 1 汤匙 / 水果醋 1 汤匙 / 白砂糖 1 汤匙 / 盐 1/2 茶匙

烹饪秘籍

夏季温度高，泡发木耳容易腐坏，放入冰箱冷藏泡发更安全。

懒人贴士

只需简单焯水，剩下的就交给时间好了。

姜汁菠菜

30分钟
适中

独爱姜汁这一味

特色

菠菜是非常好的深绿色蔬菜，叶绿素含量高，营养也多。春季的小红根菠菜，吃起来嫩嫩的。姜汁味型再加点蒜味变通融合一下，不爱吃姜的你也可以试试。

做法

❶ 姜剁成姜蓉，大蒜压成蒜泥，小米辣切圈。

❷ 小碗中放入姜蓉、白砂糖、生抽、香醋，拌匀备用。

❸ 炒锅加食用油烧热，放入蒜泥、小米辣爆香。关火备用。

❹ 汤锅加足量清水烧开，放入菠菜汆烫30秒。

❺ 捞出菠菜，挤干水分，切段装盘。

❻ 在菠菜上淋碗汁，加入爆香的蒜泥、小米辣即可。

主料

菠菜 250 克

辅料

食用油 1 汤匙 / 生抽 1 汤匙 / 香醋 1 汤匙 / 白砂糖 2 茶匙 / 姜 8 克 / 大蒜 5 克 / 小米辣 5 克

烹饪秘籍

将汆烫好的菠菜放到寿司帘上，卷起挤出水分。这样挤完水分的菠菜比较整齐。

懒人贴士

蔬菜焯水吃简单又健康，只需加点好吃的调料来搭配。

⏱ 15 分钟
🍲 简单

简约黄瓜丝

简约美，最适口

特色

黄瓜清脆爽口，是夏季的必吃蔬菜。黄瓜皮里的营养也很丰富。整根豪放地切一切，只有海盐和香油调味，这最基础的凉拌味道，最能感知食材与调味品之间的平衡感。

主料

黄瓜 200 克

辅料

香油 1 茶匙 / 海盐 1/2 茶匙 / 大葱 10 克

烹饪秘籍

黄瓜放入冰箱冷藏后再凉拌，不容易出水，口感还特别清脆。

做法

❶ 黄瓜洗净，斜切成粗丝。

❷ 大葱取葱白，切细丝。

❸ 将黄瓜和葱丝放入沙拉碗中，淋香油拌匀。

❹ 加入海盐，稍稍翻拌即可。

懒人贴士

用最普通的食材，加最简单的调味，零厨艺也可以的。

特色

一根胡萝卜就可以做出满满一盘凉拌胡萝卜丝，太经济实惠啦。黄澄澄的胡萝卜丝里面可全是营养啊。

主料

胡萝卜 150 克

辅料

红油 1 汤匙 / 白醋 1 汤匙 / 盐 1/2 茶匙 / 白砂糖 1 茶匙 / 花椒粉 1 克 / 香菜 10 克 / 花生碎 10 克

⏱ 20 分钟
🍳 简单

椒麻胡萝卜丝

麻辣滋味，食欲渐开

做法

❶ 胡萝卜洗净、去皮，擦成丝。香菜切段。

❷ 胡萝卜丝放入沙拉碗中，加盐拌匀。

❸ 静置 10 分钟，倒掉腌出的水分。

❹ 加入红油、白醋、白砂糖、花椒粉、香菜拌匀。

❺ 装盘后点缀花生碎即可。

烹饪秘籍

花生要烤过的，才和麻辣味比较搭。将花生米入烤箱 160℃烤 10 分钟，味道刚刚好。

懒人贴士

胡萝卜不需要炒，红油拌一拌就是可口的凉菜。

麻油小油菜

20 分钟
适中

微麻微辣，升级版的素菜

特色

蔬菜和蘑菇在一起，可以营养互补。煮过的小油菜和草菇都软软糯糯的，就简单调调味道，用花椒的微麻点缀一下，既清淡又独特。

做法

❶ 小油菜洗净、切段。草菇洗净、切成片。

❷ 汤锅加水烧开，先放草菇略煮，再放小油菜余烫30秒。

❸ 将小油菜和草菇放入纯净水里降温后，捞出控水。装盘。

❹ 撒上盐和白砂糖，淋生抽调味。

❺ 炒锅烧热，加入食用油、花椒粒，小火炸成花椒油。捞出花椒粒不要。

❻ 将花椒油淋到小油菜和草菇上，拌匀即可。

主料

小油菜 200 克 / 草菇 50 克

辅料

食用油 2 茶匙 / 盐 1/2 茶匙 / 白砂糖 1/4 茶匙 / 生抽 1 茶匙 / 花椒粒 5 克

烹饪秘籍

花椒粒炸之前用温水泡一下，捞出擦干。这样炸花椒油时能多炸一会儿，尽量提取花椒的味道。

懒人贴士

让青菜变得再鲜美一点，也不是很麻烦，却能好好吃菜，这样的小麻烦还是值得的。

韩式拌小葱

编织美味小凉菜

特色

小葱可不是只能做调料使用，拿来做个小菜，一样能惊艳到你。小葱含有的葱蒜辣素，还能增进食欲，促进消化吸收。

做法

❶ 小葱连根洗净。

❷ 将所有辅料（除熟芝麻以外）放入小碗中，加1汤匙纯净水拌匀备用。

❸ 汤锅加足量清水烧开。放入小葱氽烫几秒。

❹ 捞出小葱，放入冰水中降温。

❺ 将小葱放在砧板上，用厨房纸擦干水分。

❻ 小葱切成10厘米的段，用小葱叶捆绑成束，装盘。

❼ 将拌好的调料汁淋在小葱上，撒上熟芝麻即可。

主料

小葱 100 克

辅料

韩式甜辣椒酱1汤匙 / 香油1汤匙 / 生抽1汤匙 / 白醋1茶匙 / 白砂糖1茶匙 / 熟芝麻1茶匙

烹饪秘籍

为了菜品好看，太长的葱须可以切掉一部分。

懒人贴士

冰箱里什么都没有的时候，小葱还可以是一道美味的小菜。多学一道菜，有备无患。

五彩拌菜

30 分钟
简单

绽放风采的时刻

特色

爽口的小萝卜和娃娃菜，色彩明艳的胡萝卜，辛辣开胃的紫洋葱，清香多汁的小黄瓜，加上营养的豆腐丝，便是一道充满视觉冲击、令人食欲大开的营养美味大拌菜。赶快拌起来，吃起来。

做法

❶ 所有蔬菜洗净，胡萝卜去皮，紫洋葱去老皮、切去两端。

❷ 胡萝卜、黄瓜、紫洋葱、樱桃萝卜用擦丝器擦成细丝。

❸ 娃娃菜切丝，葱白切丝，香芹、大蒜、香菜切末。

❹ 将五种蔬菜丝和干豆腐丝分别放入盘子中。

❺ 中间放香芹末、葱白丝、蒜末、香菜碎，以及除食用油以外的所有调料。

❻ 炒锅加入食用油烧至八成热，将热油淋到大拌菜的调料上。

❼ 食用时拌匀即可。

主料

胡萝卜 50 克 / 黄瓜 50 克 / 紫洋葱 50 克 / 樱桃萝卜 50 克 / 娃娃菜 50 克 / 干豆腐丝 50 克 / 香芹 40 克

辅料

食用油 1 汤匙 / 蒸鱼豉油 1 汤匙 / 蚝油 1 茶匙 / 香辣豆豉酱 2 茶匙 / 香醋 2 茶匙 / 白砂糖 2 茶匙 / 大葱 10 克 / 大蒜 5 克 / 香菜 5 克

烹饪秘籍

大拌菜里的调料还可以换成肉酱、鸡蛋酱等，可选择自己喜欢的口味。

懒人贴士

一个擦丝器能擦出那么多种蔬菜丝，完全不需要刀工啊。

① 20分钟
☺ 简单

生拌苤蓝丝
最爱那浅绿的色泽

特色

苤蓝的维生素C、维生素E、钾等的含量都很高，尤其是生拌，能保留丰富的营养。凉拌苤蓝吃起来的口感是脆嫩、清香、爽口的。浅浅的绿色特别养眼。

主料

苤蓝1个

辅料

香辣豆豉酱1茶匙 / 香油1茶匙 / 盐1/2茶匙 / 白砂糖1茶匙 / 小米辣5克

做法

❶ 苤蓝洗净、去皮。小米辣切圈。

❷ 苤蓝用擦丝器擦成丝。

❸ 将苤蓝丝放入大沙拉碗中，封保鲜膜，入冰箱冷藏10分钟。

❹ 取出苤蓝丝，淋香油，放入所有调料。吃时拌匀即可。

烹饪秘籍

调料里的盐分会让苤蓝丝变软，想吃脆口的，可以在吃的时候再拌匀。

懒人贴士

这样的根茎类蔬菜都特别好清洗，是非常快手简便的凉拌菜。

特色

西葫芦原来可以生吃啊！是的，生拌西葫芦简单又爽口，味道真心不错。没生吃过西葫芦的人，一定要试试哦。

主料

西葫芦 300 克

辅料

生抽 1 茶匙 / 白醋 1 汤匙 / 白砂糖 2 茶匙 / 大蒜 10 克 / 小米辣 5 克

○ 20 分钟
☺ 适中

蒜泥西葫芦
盛夏开胃小菜

做法

❶ 西葫芦洗净，擦丝。小米辣切圈。

❷ 小碗中加入生抽、白醋、白砂糖、小米辣。

❸ 大蒜用压蒜器压入小碗中，拌匀成调料汁。

❹ 大沙拉碗中放入西葫芦丝，加入调料汁拌匀即可。

烹饪秘籍

拌好的西葫芦丝放入冰箱冷藏后，吃起来口感更清爽。特别适合搭配烧烤类的肉食。

懒人贴士

擦丝器绝对是厨房里必备的武器，不需要切菜，方便又快捷。

泰汁莴笋虾仁

30 分钟
适中

酸酸辣辣，惊艳味蕾

特色

泰式的酸与辣碰撞出微妙的口感，嫩绿的莴笋和鲜甜的虾仁也跟着活跃起来。泰式风情的凉拌菜，点燃你的味蕾。

做法

❶ 莴笋去皮，切小块。蒜切末，小米辣切粒。

❷ 将泰式甜辣酱、鱼露、白砂糖、青柠汁、蒜末在碗中调成汁。

❸ 汤锅加足量清水烧开，加莴笋、鲜虾仁余烫至熟。

❹ 将莴笋、虾仁过几遍冷水，控干水分。

❺ 莴笋、虾仁放入沙拉碗中，加入调好的汁拌匀。

❻ 装盘后点缀小米辣和薄荷叶即可。

主料

莴笋 150 克 / 鲜虾仁 100 克

辅料

泰式甜辣酱 1 汤匙 / 鱼露 1 汤匙 / 白砂糖 1 汤匙 / 青柠汁 1 汤匙 / 大蒜 5 克 / 小米辣 10 克 / 薄荷叶 5 克

烹饪秘籍

凉拌菜的汁在碗中调好以后，试尝一下，根据自己的口味做调整后，再分次拌入菜中。

懒人贴士

加点异国风味，口感酸辣适口，做菜的人不麻烦，吃的人也喜欢。

温拌秋葵北极贝

20 分钟
简单

好搭配，好营养

特色

生冷的海鲜不见得人人消受得了。将秋葵、北极贝烫一烫，采用温拌的方式，简简单单的改变，又多一种海鲜的吃法。

做法

❶ 大蒜压成蒜泥。小米辣切圈。北极贝洗净，清理干净肚肠。

❷ 小碗中加入蒜泥、小米辣、鲜味酱油、盐、白砂糖、鸡汁、藤椒油。

❸ 炒锅加入食用油烧至八成热，淋入小碗中。

❹ 汤锅加足量清水烧开，放入秋葵余烫1分钟。捞出控水。

❺ 汤锅里继续放入北极贝，余烫几秒，捞出控水。

❻ 秋葵切去尾部，斜切成段。

❼ 将秋葵段及北极贝放入沙拉碗中，加入调料汁拌匀即可。

主料

秋葵 100 克 / 北极贝 100 克

辅料

食用油 1 汤匙 / 鲜味酱油 1 茶匙 / 盐 1 茶匙 / 白砂糖 1/2 茶匙 / 鸡汁 1/4 茶匙 / 藤椒油 1/4 茶匙 / 大蒜 5 克 / 小米辣 5 克

烹饪秘籍

因为秋葵内部空隙比较多，所以要先整根余烫，再切段，秋葵里面就不会进水了。

懒人贴士

秋葵、北极贝都是好清洗、不需要过多收拾的食材，做出来的菜还有大餐的卖相。

⏱ 30分钟
🍴 简单

酸甜烤甜椒

最佳开胃菜

特色

悄悄地问一下，是不是太多人不爱吃甜椒啊？可是甜椒的维生素含量居蔬菜之首，那么多的维生素A、维生素C、维生素E，怎么舍得放弃？试试做个酸甜烤甜椒。冷藏后，甜椒还有丰腴多汁的口感，味道更棒。

主料

红甜椒1个 / 黄甜椒1个

辅料

橄榄油1茶匙 / 白砂糖1茶匙 / 柠檬汁1茶匙 / 盐1/2茶匙

做法

❶ 甜椒洗净，擦干水分。烤箱预热180℃。

❷ 将整个甜椒放入烤盘，入烤箱烤30分钟。

❸ 取出烤好的甜椒，去皮、去子。

❹ 甜椒切块，放入沙拉碗中，加入所有调料拌匀。

❺ 放入冰箱冷藏1小时即可食用。

烹饪秘籍

刚烤好的甜椒非常烫，可以用锡纸覆盖住烤盘，待降温以后再去皮。

懒人贴士

用这个方法只需烤一烤，用油醋汁拌一拌就很美味。

特色

一道简单的水油煮菜，你与大厨之间就差这个红葱头酱啦。其实常备些现成的调料酱，能使做菜方便很多。只要能吃够一天所需的蔬菜量，就对自己的身体有交代啦。

主料

嫩菠菜 200 克

辅料

香油 1 茶匙 / 盐 1 茶匙 / 红葱头酱 1 茶匙

⏱ 20 分钟
👨‍🍳 简单

烫嫩菠菜
以嫩取胜之道

做法

❶ 汤锅加足量清水烧开，加入香油、盐。

❷ 放入菠菜，余烫至菠菜变软。

❸ 捞出菠菜，控干水分。

❹ 菠菜装盘，加红葱头酱即可。

烹饪秘籍

红根的嫩菠菜，根部也很好吃，整根余烫即可。

懒人贴士

青菜水煮的方式，使做一道青菜的时间极快，特别方便。

油渣空心菜

20 分钟
适中

青菜的完美搭档

特色

一点点荤油，能把支棱棱的空心菜炒得极为顺口，把青菜的翠绿和营养都保留下来了。空心菜是一种碱性食物，膳食纤维含量较丰富，对于调节肠道是很好的。

做法

❶ 空心菜洗净，切去老梗；五花肉切小片。蒜切片，小米辣切圈。

❷ 炒锅放入五花肉片，小火炒至肉片出油，变成金黄色。

❸ 将猪油渣捞到小碗里，趁热拌上蒸鱼豉油备用。

❹ 留余油在炒锅中。加入蒜片、辣椒圈炒香。

❺ 加入空心菜翻炒至变软，加盐调味。

❻ 放入猪油渣炒匀即可。

主料

空心菜 400 克 / 五花肉 30 克

辅料

蒸鱼豉油 1 茶匙 / 盐 1/2 茶匙 / 大蒜 5 克 / 小米辣 5 克

烹饪秘籍

为了吃着方便，还可以把空心菜切碎炒。

懒人贴士

超市里有卖切好的五花肉片，不用自己切肉，的确能方便不少呢。

CHAPTER 2 多维计划——一步到「胃」，轻松「吃草」

🕐 20 分钟
☐ 简单

黑椒汁小杏鲍菇

汁多味浓，素得浓烈

特色

那种小小的杏鲍菇，感觉上就需要黑椒汁来做伴呢。杏鲍菇味道寡淡，黑椒汁厚重，正好能搭配在一起。

主料

小杏鲍菇 200 克

辅料

食用油1汤匙 / 盐1/4茶匙 / 黑椒汁1汤匙 / 鲍鱼汁1茶匙 / 大蒜5克

做法

❶ 小杏鲍菇洗净、控水。大蒜切片。

❷ 炒锅加入食用油烧热，改中小火将杏鲍菇煎至四面金黄。

❸ 依次加蒜片、黑椒汁炒香。

❹ 加入鲍鱼汁、盐和2汤匙清水，转小火，盖盖焖1分钟即可。

烹饪秘籍

如果买的杏鲍菇比较大，就切成条炒制。

懒人贴士

冰箱里常备一些自己喜欢的、方便使用的调料，的确能在做菜上省事很多。

特色

切得细碎的韭菜，被一番爆炒，裹满了鲜香麻辣的味道，所有味道被完美融合。炒韭菜碎吃着还方便，呼噜呼噜就能下一碗饭。

主料

韭菜 250 克

辅料

食用油 1 汤匙 / 生抽 1 茶匙 / 盐 1/2 茶匙 / 辣椒粉 1/2 茶匙 / 花椒粉 1/4 茶匙

🕐 10 分钟
🍲 简单

辣炒韭菜碎

麻辣勾搭春韭

做法

❶ 韭菜洗净，控干水分，切末。

❷ 炒锅加食用油烧热，放入辣椒粉爆香。

❸ 加韭菜碎稍微翻炒变软。

❹ 加生抽、盐、花椒粉调味，炒匀即可。

烹饪秘籍

辣椒粉易糊，放入热油几秒钟即可。

懒人贴士

调料做法简单至极，口味却特别棒，这是一道非常省事的下饭菜。

小白菜粉丝煲

30 分钟
适中

好味道慢慢来

特色

热乎乎的小白菜粉丝煲里，青菜爽口，粉丝饱满，还藏着几个金黄的蛋饺。砂锅煲就是要丰富才够完美。

做法

① 小白菜洗净、切段，粉丝用温水泡软。

② 小碗中放入生抽、蒸鱼豉油、白砂糖、香油，调成碗汁。

③ 汤锅加足量清水烧开，放入粉丝煮软，捞出备用。

④ 砂锅内加鸡汁和300毫升清水，将蛋饺煮5分钟。

⑤ 不粘锅加食用油烧热，加蚝油爆香。

⑥ 放入小白菜段和粉丝炒匀。

⑦ 沿着锅边淋入碗汁，翻炒均匀。

⑧ 将炒好的小白菜粉丝放入砂锅中，拌匀汤汁即可。

主料

小白菜 200 克 / 红薯粉丝 50 克 / 蛋饺 100 克

辅料

食用油 1 汤匙 / 香油 1 茶匙 / 生抽 1 茶匙 / 蒸鱼豉油 1 茶匙 / 蚝油 1 茶匙 / 白砂糖 1 茶匙 / 鸡汁 1/2 茶匙

烹饪秘籍

粉丝这类淀粉质食材，特别容易粘锅，尽量使用不粘锅来炒。

懒人贴士

易粘锅的食材用不粘锅操作，能给自己省事，少了很多麻烦的洗刷工作。

豆豉苦瓜

20分钟

适中

吃苦瓜是为了求甘，甘自苦中来

特色

苦瓜的苦是留不住的，刚刚碰到舌尖是苦的，还没到喉咙就悄悄回甘了，加上豆豉、五花肉的中和，你会惊呼：原来苦瓜这么好吃。

做法

❶ 苦瓜洗净，切宽条，将白心切掉后再切成薄条。

❷ 五花肉切片，姜切片，小米辣切圈。

❸ 炒锅内加五花肉和姜片，小火干煸至出油。

❹ 改中大火，放入小米辣爆香。淋生抽调味，老抽调色。

❺ 炒锅中放入苦瓜条、豆豉。

❻ 翻炒至苦瓜断生即可。

主料

苦瓜 200 克 / 五花肉 40 克

辅料

油豆豉 1 汤匙 / 生抽 1 汤匙 / 老抽 1/4 茶匙 / 姜 5 克 / 小米辣 5 克

烹饪秘籍

苦瓜的苦味都集中在心部，直接将心部全都切掉，就没那么苦了。

懒人贴士

苦瓜在冰箱里很耐放，如果一周买一次菜，这样的非绿叶蔬菜可以备一些。

CHAPTER 2 多维计划——「步到「胃」」轻松「吃草」

蒜酥水煮小油菜

健康就要水煮菜

特色

小油菜一年四季都有，南方也卖，北方也卖，是优秀的常备绿叶菜。小油菜只需这么简单烹饪一下就很好吃了。

做法

❶ 小油菜洗净，切段。

❷ 炒锅内加150毫升清水烧开。

❸ 加入香油和鸡粉。

❹ 放入小油菜段，翻拌至变色，盖盖焖1分钟。

❺ 起锅前加盐调味。

❻ 装盘，撒蒜酥即可。

主料

油菜 250 克

辅料

香油 1 茶匙 / 鸡粉 1/4 茶匙 / 盐 1/2 茶匙 / 蒜酥 1 汤匙

烹饪秘籍

水里面加一点油煮青菜，既能令青菜保持翠绿，还能软化纤维。

懒人贴士

不用起油锅，这样煮出来的青菜一样好吃。

⏱ 20分钟
🍲 简单

白灼芥蓝
就是这个味儿

特色

白灼芥蓝是广东人常吃的家常菜，是白灼菜的范本，做法很简单。芥蓝爽脆可口，最能吃到青菜的本味。

主料

芥蓝 300 克

辅料

食用油 20 毫升 / 蒸鱼豉油 1 汤匙 / 白砂糖 1 茶匙

做法

❶ 芥蓝洗净，去掉老叶，刨去根部的比较老的外皮。

❷ 汤锅加足量清水烧开，加入5毫升食用油和白砂糖。

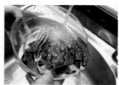

❸ 放入芥蓝余烫30秒，捞出过冷水降温。

❹ 将芥蓝装盘，淋上蒸鱼豉油。

❺ 炒锅加1汤匙食用油烧至八成热，淋到芥蓝上即可。

烹饪秘籍

余烫芥蓝的水里加糖，是为了中和芥蓝的苦味。

懒人贴士

芥蓝是属于比较好清洗的蔬菜，余烫一下，简单调味就可以了。

特色

一口炒锅，就能赋予蔬菜神奇的力量，清脆的更清脆，碧绿的更碧绿。切得极细的菜丝，只需翻炒几下就可以。

主料

荷兰豆 200 克

辅料

食用油 2 茶匙 / 盐 1/2 茶匙 / 大蒜 5 克 / 红辣椒 5 克

⏱ 15 分钟
🍳 简单

快炒荷兰豆

纵情翻炒，健康由我

做法

❶ 荷兰豆洗净，控干水分，撕去老筋。

❷ 顺着荷兰豆的长边，切成丝。

❸ 大蒜切末，红辣椒切圈。

❹ 炒锅加食用油烧热，放入蒜末、辣椒圈爆香。

❺ 放入荷兰豆丝快炒至断生，加盐调味即可。

烹饪秘籍

想要快炒的蔬菜，切成细丝，能缩短烹饪的时间。

懒人贴士

急火快炒的蔬菜，只需要特别简单的调味就能很好吃。

泡椒毛豆米

营养又下饭的神器

特色

夏天的老调调，五香毛豆、糟卤毛豆、盐水毛豆，还有各种炒毛豆米等。我们就简单地用红红的泡椒炒一道咸香下饭的毛豆米吧。毛豆可是营养很丰富的食材啊。

做法

❶ 将毛豆米洗掉豆子外面的膜，控干水分。

❷ 红泡椒切段，小葱切段，姜切片。

❸ 炒锅加食用油烧热，依次放入葱段、姜片、泡椒爆香。

❹ 放入蚝油、毛豆翻炒2分钟。

❺ 加入盐、鸡粉、50毫升清水。

❻ 中小火将毛豆烧酥烂即可。

主料

毛豆米 200 克 / 红泡椒 30 克

辅料

食用油 1 汤匙 / 蚝油 1 茶匙 / 盐 1/4 茶匙 / 鸡粉 1/4 茶匙 / 小葱 5 克 / 姜 3 克

烹饪秘籍

泡椒里面水分比较多，爆香时容易溅油，尽量控干水分再放入炒锅。

懒人贴士

在毛豆上市的季节，菜市场都有剥好的毛豆米卖，买回来洗洗就可以用了，很方便。

水芹香干

20 分钟
简单

江南家常味

特色

水芹也叫野芹菜，自然要配香干炒来吃。在天气还没有转暖的时候，水芹却鲜嫩清香，加了香干一起炒，就很有江南情调啦。

做法

❶ 水芹洗净、切段，香干切丝，甜椒切丝，姜切丝。

❷ 炒锅加食用油烧热，放入姜丝、香干煸炒出香味。

❸ 加生抽提味，加2汤匙清水，使香干软化。

❹ 放入甜椒丝炒匀。

❺ 加水芹炒至略微变软。

❻ 加盐、白砂糖调味即可。

主料

水芹 200 克 / 香干 40 克 / 甜椒 20 克

辅料

食用油 1 汤匙 / 生抽 1 茶匙 / 盐 1/2 茶匙 / 白砂糖 1 茶匙 / 姜 3 克

烹饪秘籍

没有水芹，用香芹、芹菜都可以。芹菜与香干的味道也很搭。

懒人贴士

选择菜市场里的应季蔬菜，做些简单的搭配，就是一餐饭菜。

松子南瓜煲

⏱ 40 分钟
🍲 适中

生活在于发现新口味

特色

南瓜这样丰硕的果实，也很适合浓重的咖喱味来调和一下。享受一下健康食材被浓油赤酱包裹的滋味。南瓜的味道渗入咖喱汤中，鲜甜、黏稠、味浓。

做法

❶ 南瓜去皮、切块，洋葱切末，小葱切末。

❷ 烤箱预热150℃，放入松子仁，烤5分钟，取出晾凉。

❸ 炒锅加食用油烧热，放入洋葱末炒香。

❹ 加入油咖喱、椰浆、鸡汁、盐、白砂糖、清水200毫升，小火煮10分钟。

❺ 将南瓜摆入深盘，淋上煮好的油咖喱汁。

❻ 蒸锅加水烧开，放入南瓜，大火蒸20分钟。

❼ 出锅后撒松子仁、葱花即可。

主料

板栗南瓜 200 克 / 洋葱 50 克 / 松子仁 20 克

辅料

食用油 1 汤匙 / 油咖喱 1 汤匙 / 椰浆 1 汤匙 / 鸡汁 1/2 茶匙 / 盐 1/4 茶匙 / 白砂糖 1 茶匙 / 小葱 10 克

烹饪秘籍

如果有密封性特别好的铸铁锅、塔吉锅，也可以将南瓜放入锅中直接慢炖。

懒人贴士

只需要炒个酱汁，别的都交给蒸锅就好了，还是很方便的。

CHAPTER 2 多维计划——一步到[胃]，轻松[吃草]

蘑菇番茄炒蛋

平常味也能让你眼前一亮

特色

酸酸甜甜的番茄炒蛋，人人都爱。加几颗可爱的小蘑菇，立马给菜增色不少。滑溜溜的口感还是酸甜味的，让你不禁泛起微笑。

做法

❶ 番茄去蒂、切块，蟹味菇去根。

❷ 鸡蛋磕入碗中，加2克盐打散。

❸ 炒锅加15毫升食用油烧热，放入蛋液炒成蓬松的炒蛋，盛出备用。

❹ 原锅加剩余食用油烧热，加姜粉爆香。

❺ 放入番茄块、白砂糖，翻炒出红油。

❻ 加入蟹味菇，转中小火，盖盖焖5分钟。

❼ 将炒好的鸡蛋加入锅中，翻炒均匀。

❽ 加入1克盐调味，即可出锅。

主料

番茄 150 克 / 鸡蛋 2 个 / 蟹味菇 50 克

辅料

食用油 25 毫升 / 盐 3 克 / 白砂糖 1 汤匙 / 姜粉 1/4 茶匙

烹饪秘籍

鸡蛋可以炒得稍微老一点，微微焦黄的炒蛋更能吸附汤汁。

— 懒人贴士 —

只是比番茄炒蛋复杂了一步，还是特别好清洗的蘑菇，所以依然很简单。

40 分钟
适中

软蒸菜饼
没有油烟的营养菜饼

特色

西葫芦含钙，土豆有维生素C，胡萝卜有胡萝卜素，各司其职，营养充足。将蔬菜面糊放入蒸锅里蒸熟，省时又省力，还没有油烟。调个醋蒜汁蘸着吃，也很美味呀。

主料

西葫芦 100 克 / 土豆 50 克 / 胡萝卜 30 克 / 中筋面粉 80 克

辅料

食用油 1 茶匙 / 盐 1 茶匙 / 鸡粉 1/2 茶匙 / 白胡椒粉 1/2 茶匙 / 洋葱粉 1/2 茶匙

做法

❶ 西葫芦洗净擦丝；土豆、胡萝卜洗净，去皮，擦丝。

❷ 将菜丝放入料理盆中，加入所有调料，拌匀。

❸ 加入面粉和适量清水，搅拌至面糊黏稠。

❹ 蒸屉上铺烘焙纸，铺上一大勺面糊，抹平呈薄饼状，表面喷食用油。

❺ 再覆盖一层烘焙纸，铺一勺面糊。共计铺三层。

❻ 蒸锅加水烧开，放上蒸屉，大火蒸20分钟即可。

烹饪秘籍

喷油壶能喷出均匀的薄薄的一层油，用量还很少，非常好用。

懒人贴士

选的这三种菜都可以用擦丝器来擦丝，烹饪起来更方便。

特色

冬瓜吸收了金华火腿的咸鲜，火腿被冬瓜的汁水浸润，无须过多调味，简单即是美。冬瓜还是夏季消暑、利水的好食材。

主料

冬瓜 400 克 / 金华火腿 50 克

辅料

高汤 50 毫升

⏱ 30 分钟
👨‍🍳 简单

冬瓜蒸火腿
炎炎夏日，少油蒸菜

做法

❶ 冬瓜去皮、去瓤，切厚片。

❷ 金华火腿切薄片。

❸ 以两片冬瓜片和一片火腿片的方式，依次码入盘中，倒入高汤。

❹ 蒸锅加水烧开，放入冬瓜火腿，大火蒸20分钟即可。

烹饪秘籍

高汤也可以用鸡汁加水代替。

懒人贴士

金华火腿也能买到直接切好的，这样做这道菜就更简单了。

酱拌蒸菜

好味道，不装饰

特色

不管南方还是北方，都有一些夏季一定会吃的菜。不只是应季，还因为它简单、方便。这也是想在厨房偷点懒的人可以借鉴的。

做法

❶ 土豆、茄子洗净。小葱切段。青椒、香菜、大蒜切末。

❷ 黄豆酱加入2茶匙纯净水拌匀。

❸ 蒸锅加足量清水烧开，放入土豆、茄子大火蒸30分钟。

❹ 炒锅加食用油烧热，磕入鸡蛋，炒散。

❺ 倒入黄豆酱，转小火炒匀。

❻ 加入青椒末、香菜末、蒜末拌匀，关火盛出鸡蛋酱。

❼ 蒸好的土豆去皮、切大块，茄子切条，拌入小葱和鸡蛋酱即可。

主料

土豆 150 克 / 茄子 150 克 / 小葱 30 克

辅料

食用油 1 汤匙 / 黄豆酱 2 汤匙 / 鸡蛋1 个 / 青椒 10 克 / 香菜 5 克 / 大蒜 5 克

烹饪秘籍

鸡蛋酱可以多做一些，拌菜、拌面、夹馒头都可以。

懒人贴士

蒸是比较好操作的烹饪方式，还没有油烟，能打造一个干净的厨房。

粉蒸豇豆粒

40分钟
适中

放心地大碗吃菜吧

特色

这种方法很适合长纤维的蔬菜。劳动人民的智慧真伟大，放老的豇豆，这么一做，轻轻松松吃下一大碗蔬菜。

做法

❶ 豇豆洗净，掐头去尾，切粒。蒜压成蒜泥。

❷ 在料理盆中放入豇豆粒，喷少许水。

❸ 撒入小米面、面粉，翻拌均匀。静置10分钟。

❹ 蒸屉上铺烘焙纸，铺上豇豆粒。

❺ 蒸锅加足量水烧开。放入豇豆粒，大火蒸20分钟。

❻ 取出豇豆粒，放入料理盆中，放上盐、辣椒粉、蒜泥。

❼ 炒锅里加入菜籽油，烧至八成热。

❽ 将热油淋在豇豆粒上，拌匀即可装盘。

主料

豇豆200克 / 小米面粉40克 / 中筋面粉40克

辅料

菜籽油1汤匙 / 盐1茶匙 / 辣椒粉1茶匙 / 大蒜10克

烹饪秘籍

要适量加一些面粉。如果全是玉米面粉，不容易裹在蔬菜表面。

懒人贴士

蒸是又健康又方便的料理方式，很多菜都可以用蒸的方式烹制。

蘸水时蔬

四川人怎么这么会吃

特色

打一碟好蘸水，挑几样可口蔬菜，煮一煮，蘸上蘸水吃一吃，巴适得很哦。轻轻松松吃够一天所需的蔬菜量。

做法

① 豆瓣酱剁碎，葱、蒜、香菜切末。

② 将豆瓣酱、单山蘸水、葱、蒜、香菜放入碗中，调成碗汁。

③ 炒锅加菜籽油烧至八成热，淋入碗汁，做成蘸料。

④ 芥菜撕大片，莴笋切条，胡萝卜切块。

⑤ 汤锅加足量清水烧开，放入胡萝卜、海带结煮10分钟。

⑥ 再依次加入莴笋、玉米笋、芥菜煮熟，即可蘸蘸水食用。

主料

芥菜 100 克／莴笋 100 克／胡萝卜 100 克／玉米笋 100 克／海带结 100 克

辅料

菜籽油 2 汤匙／川味豆瓣酱 1 汤匙／单山蘸水 15 克／小葱 10 克／大蒜 10 克／香菜 5 克

烹饪秘籍

如果使用油豆瓣，可以不需要淋热油，更加简单。

懒人贴士

烹饪方式虽然简单粗暴，味道可不含糊。

手摇小菜团子

乡村美味之享

特色

菜团子既有粗粮，又有蔬菜，还是无油烹饪。摇菜团子的过程这么有趣，大人小孩可以一起享受下厨的乐趣。

做法

❶ 汤锅加足量清水烧开，放入茼蒿氽烫10秒。

❷ 捞出过冷水，直到降温。控干水分。

❸ 将茼蒿切末，挤出水分，放入料理盆中。

❹ 加入盐和面粉拌匀，团成乒乓球大小的团子。

❺ 盆中放入玉米粉，摆上菜团子，摇动料理盆，使菜团子表面裹满玉米粉。

❻ 蒸锅加水烧开，将菜团子放入蒸屉，大火蒸15分钟即可。

主料

茼蒿 300 克／玉米面粉 50 克／中筋面粉 50 克

辅料

盐 1/4 茶匙

烹饪秘籍

想要多裹些玉米粉，可以裹一遍玉米粉后，在菜团子表面喷些水，再裹一次玉米粉。

懒人贴士

带着一次性手套捏菜团子，就不会弄得一手黏糊糊。玩过面粉，手也是干干净净的。

生菜春卷包

食用美学

特色

煎过的春卷皮是酥脆的，冰水激过的虾仁是脆弹的，生菜叶是清脆的，各种脆层层入口，完全感受不到任何油腻，只想吃一卷，再吃一卷。

做法

❶ 生菜叶洗净，用厨房纸擦干。

❷ 将冰花酸梅酱和泰式蒜蓉辣酱混合调成酱汁备用。

❸ 汤锅加足量清水烧开，放入虾仁余烫至熟。

❹ 捞出虾仁过冰水降温，控水备用。

❺ 平底锅加入食用油烧热，放入冷冻春卷。

❻ 中小火两面煎至金黄，即可夹出控油。

❼ 在生菜叶上抹少许酱汁，放上春卷、虾仁，卷起即可。

主料

冷冻素春卷6个 / 鲜虾仁6个 / 生菜叶6片

辅料

食用油2汤匙 / 冰花酸梅酱1汤匙 / 泰式蒜蓉辣酱1汤匙

烹饪秘籍

想要去掉生菜褶皱部分积藏的水分，还可以使用食物甩干机。

懒人贴士

包春卷不是人人都会，利用速冻食材就解决问题啦。

红烩烤时蔬

优雅的乡村菜

🕐 30分钟
🍲 适中

特色

丰富的食材，简单地炙烤，不需要过多处理。经过温度的洗礼，让所有蔬菜的滋味显现出来就好。

做法

❶ 胡萝卜、菜花洗净、切块。

❷ 烤箱预热200℃。烤盘垫烘焙纸。

❸ 烤盘上放上所有蔬菜、大蒜、迷迭香。

❹ 淋橄榄油，撒海盐、黑胡椒碎。放入烤箱烤15分钟。

❺ 小汤锅加入番茄意面酱、牛高汤块和少许清水，加热煮沸。

❻ 将番茄意面酱汁盛到盘中，放上烤时蔬，点缀罗勒叶即可。

主料

胡萝卜50克 / 菜花50克 / 口蘑50克 / 圣女果50克 / 番茄意面酱100克

辅料

橄榄油1汤匙 / 海盐1茶匙 / 黑胡椒碎1/2茶匙 / 大蒜30克 / 迷迭香10克 / 罗勒叶10克 / 牛高汤块1/4块

烹饪秘籍

蔬菜尽量切得大小一致，烤制时可以同时熟。

懒人贴士

设定好温度烤一烤就好，善用烤箱，远离油烟。

⏱ 10 分钟
🍳 简单

微波西蓝花
快捷新生活

特色

西蓝花是深绿色蔬菜之一，叶酸含量很高。吃够足量的蔬菜，才能获得这些宝贵的维生素、微量元素。科技改变生活，先用微波炉做个健康懒人蔬菜吃吃吧。

主料

西蓝花 150 克

辅料

香油 1 茶匙 / 海盐 1/2 茶匙 / 大蒜 3 克

做法

❶ 西蓝花洗净，切成均匀的小朵。蒜切细末。

❷ 西蓝花平铺在可微波的盘子中。

❸ 淋入1汤匙清水，盖上微波炉专用盖子。

❹ 放入微波炉，高火5分钟。

❺ 取出西蓝花，加香油、海盐、蒜末拌匀即可。

烹饪秘籍

盘子上封上耐高温的保鲜膜也可以的，表面用牙签扎几个洞。

懒人贴士

做这道菜全程不超过 10 分钟，极其简单快捷。

CHAPTER 3

高纤生活——
营养饱腹，无负担

腊肠杂粮杯

每天一杯杂粮，为健康加油

特色

杂粮泡发后蒸熟，颗粒分明，特别适合拌沙拉。沾惹了腊肠滋味的杂粮，还有清脆的蔬菜，做成了一款干松有滋味的主食沙拉，非常适合作为便当菜，装入杯子里，带去野餐吧。

做法

❶ 甜椒、洋葱切粒。藜麦洗净、泡水。

❷ 蒸锅加水烧开，先放入腊肠蒸10分钟。

❸ 再将藜麦控水，放入蒸锅，一起蒸10分钟。

❹ 古斯古斯米放入大沙拉碗中，加入55毫升热水，拌匀，盖盖闷5分钟。

❺ 蒸好的腊肠切粒，连同蒸腊肠的汤汁一起放入沙拉碗中，翻拌拌匀。

❻ 将藜麦、甜椒、洋葱放入沙拉碗拌匀即可。

主料

古斯古斯米 50 克 / 藜麦 30 克 / 腊肠 40 克

辅料

红甜椒 20 克 / 紫洋葱 20 克

烹饪秘籍

腊肠本身带有咸味，杂粮拌好以后，可根据自己的口味添加盐。

懒人贴士

古斯古斯米是非常方便食用的主食，只需简单用热水泡一泡就可以了。

糯米荞麦小窝头

多吃杂粮，远离亚健康

特色

荞麦面生糖指数低，营养价值高。加入糯米粉改善了口感，成为小朋友都能爱上的窝头。蒸小窝头完全不用担心技术哦，面发得好不好，窝头捏得漂亮不漂亮，都没关系。只要做出来，就赢在健康、赢在口感啦。

做法

❶ 小碗中放入酵母粉、红糖，加135毫升清水拌匀，静置10分钟。

❷ 在大料理盆中加入所有面粉，用筷子混合均匀。

❸ 将酵母水倒入面粉中间，用筷子不断搅拌至呈絮状。

❹ 用手和成团，揉2分钟。

❺ 封上保鲜膜，温暖处发酵60分钟。

❻ 将面团分成大约60克一个，揉成小面团，收口向下放置。

❼ 用拇指顶住面团底部，慢慢转圈将拇指按入面团内，搓成窝头的形状。

❽ 蒸锅加水，放入窝头，水开后大火蒸20分钟即可。

主料

荞麦面粉 100 克 / 糯米面粉 50 克 / 中筋面粉 40 克 / 玉米面粉 30 克

辅料

酵母粉 5 克 / 红糖 5 克

烹饪秘籍

杂粮比较多，加酵母粉只能适当使窝头暄软一些，想要更暄软的小窝头，可以增加中筋面粉的比例。

懒人贴士

不想捏窝头，就做成小小的馒头也是一样美味。

1小时
适中

番茄牛尾小米稠粥

平民小米大变身

特色

厨房电器就是你的好帮手，一个负责炖肉，制造美味的肉汤，一个负责煮饭，做一碗金黄喷香的小米饭，你就负责盛到盘子里美美地享用就可以啦。

做法

❶ 洋葱对半切开，牛尾洗净。

❷ 汤锅加足量清水，放入牛尾烧开，中火余烫5分钟。

❸ 捞出牛尾，温水洗去血沫。

❹ 将牛尾、番茄、洋葱、香叶、清水600毫升，一起放入高压锅炖制。

❺ 小米洗净，放入电饭锅，加450毫升清水，煮成小米稠粥。

❻ 炖好的牛尾汤加盐、黑胡椒碎调味。

❼ 将小米稠粥盛入汤盘，淋番茄牛尾汤，撒少许莳萝碎即可。

主料

牛尾200克 / 罐头去皮番茄200克 / 洋葱200克 / 小米150克

辅料

盐1茶匙 / 黑胡椒碎1/4茶匙 / 香叶2片 / 莳萝碎少许

烹饪秘籍

这道菜也可以用新鲜番茄。将番茄去皮、去子后放入牛尾汤里煮，汤色更干净。

懒人贴士

利用厨房小电器一起操作，能解放你的双手。

溏心蛋大麦饭

尽善尽美的粗粮饭

特色

大麦的膳食纤维含量高，对延缓餐后血糖的上升有很好的作用。给大麦添加适当的调味料，蒸出的大麦饭油润发亮，颗颗有嚼头。搭配芦笋、煎蛋，营养更全面。

做法

❶ 芦笋去老根，切长段。洋葱切细末，芹菜切细末。大麦洗净控水。

❷ 将大麦、洋葱、香芹、鸡汁、盐、食用油放入电饭锅。

❸ 加300毫升清水，开启煮饭模式。

❹ 不粘平底锅加橄榄油烧热，磕入鸡蛋，煎至蛋白凝固盛出。

❺ 原锅继续加入芦笋，翻炒至熟，加海盐、黑胡椒碎调味。

❻ 深盘中放入大麦饭、芦笋、煎蛋即可。

主料

大麦 100 克 / 芦笋 100 克 / 可生食鸡蛋 1 个

辅料

橄榄油 1 茶匙 / 食用油 2 茶匙 / 海盐 1/2 茶匙 / 盐 1/2 茶匙 / 黑胡椒碎 1/4 茶匙 / 鸡汁 1/2 茶匙 / 洋葱 20 克 / 香芹 20 克

烹饪秘籍

两只手分别捏住芦笋的中部和尾端，轻轻掰断芦笋，掰 下的根部就是老根，可以不要。

懒人贴士

将粗粮做成调味饭，能改善口感，也不会增加多少难度。

骨汤糙米饭

浓郁的口感，几乎忘记吃的是糙米

特色

不习惯吃糙米饭的人，试试将糙米放入排骨汤里稍微加工一下，口味就会大为不同了。粗粝的糙米被排骨汤浸润，不但可以保留糙米的营养，还改善了口感，令你一勺一勺吃不停。

做法

① 猪小排洗净泡水。糙米洗净泡水。

② 捞出小排，放入高压锅，加入800毫升清水、白胡椒粒、大蒜，选择炖排骨选项。

③ 将糙米放入电饭锅，加200毫升清水，蒸糙米饭。

④ 香菜去根、切小段。

⑤ 将排骨汤过滤入汤锅，放入小排。

⑥ 加盐和糙米饭，小火炖煮5分钟。

⑦ 将骨汤糙米饭装盘，放香菜段，撒红椒粉装饰即可。

主料

猪小排 150 克 / 糙米 100 克

辅料

盐 1 茶匙 / 白胡椒粒 1 茶匙 / 大蒜 20 克 / 红椒粉 1/2 茶匙 / 香菜 5 克

烹饪秘籍

店家手剁的小排会有骨头渣，将排骨汤过滤使用就可以避免了。

懒人贴士

使用高压锅炖排骨，炖得快还软烂入味。

笋丁蘑菇炊饭

米饭要加料

特色

无所不能的炊饭，可以放入各种食材，融合多种美味和营养。这款炊饭放入三种山珍，饭菜合一，口味很赞。

做法

❶ 竹笋去皮，蟹味菇去根。干香菇洗净、泡发，大米洗净、泡水。

❷ 汤锅加足量清水烧开，放入竹笋余烫10分钟。

❸ 捞出竹笋，清水洗净，切丁备用。

❹ 香菇切细丝。香菇水留下备用。

❺ 将所有材料放入电饭锅。

❻ 加入清水和泡香菇的水，共计250毫升。

❼ 选择煮饭模式，煮熟即可。

主料

竹笋 200 克 / 蟹味菇 100 克 / 干香菇 10 克 / 大米 160 克

辅料

食用油 1 茶匙 / 生抽 2 茶匙 / 柴鱼精 1/2 茶匙 / 胡椒粉 1/4 茶匙

烹饪秘籍

竹笋含有的草酸比较多，需要多余烫一会儿。

懒人贴士

一锅出是懒人的首选烹饪方式。

40 分钟
简单

玉米饭

大珠小珠落玉盘

特色

这是一道简单好吃的小清新玉米饭。玉米粒又嫩又甜，白米饭也借到了玉米的清香。一碗米饭端上餐桌也是一道风景。

做法

❶ 玉米剥去外皮和玉米须，留下嫩玉米皮。

❷ 用刀竖着切下玉米粒。

❸ 大米、小米淘洗干净。

❹ 将大米、小米、玉米粒放入电饭锅，加清水240毫升。

❺ 放上嫩玉米皮，选择蒸饭模式。

❻ 玉米饭蒸好以后，去掉玉米皮即可。

主料

大米 150 克 / 小米 50 克 / 玉米 1 根

烹饪秘籍

市场里有新鲜剥好的玉米粒卖，可以直接买回来使用。

懒人贴士

只需在做米饭的时候多一个小步骤，就可以使白米饭更营养。

① 1小时
适中

豆子米饭
快乐健康指数升级的美味米饭

特色

对于颜值控来说，有时需要把饭做得漂亮一点才觉得更好吃。光是看着白白的米饭配上各色豆子就挺有食欲的。

主料

红豆 30 克 / 绿豆 30 克 / 花豆 30 克 / 大米 120 克 / 糯米 30 克

烹饪秘籍

夏季将豆子放入冰箱里泡软，比较安全，不容易滋生细菌。

做法

❶ 红豆、绿豆、花豆用清水泡到足够软。

❷ 蒸锅加足量清水，放上蒸屉，铺上湿屉布。

❸ 将豆子放在蒸屉上，大火蒸20分钟。

❹ 将大米、糯米混合，淘洗干净，照常煮饭。

❺ 米饭煮熟后，将熟豆子拌入米饭，盖盖闷10分钟即可。

懒人贴士

做一次蒸豆子比较费时间，可以多做些，分几份冻在冰箱里。下次再做豆子饭就简单啦。

特色

偶尔做个甜品犒劳一下自己。好吃、好做、好看的椰奶紫米饭也许是你需要的。用紫米煮饭软糯可口，还很滋补。

主料

紫糯米 200 克 / 椰奶 245 毫升 /
椰浆 200 毫升 / 芒果 100 克

辅料

白砂糖 15 克

⏱ 30 分钟
🍲 简单

椰奶紫米饭
原汁原味的手作甜美主食

做法

❶ 椰浆放入小锅煮开，关火，放凉备用。

❷ 芒果去皮，贴着果核切下果肉，切成大粒。

❸ 紫糯米用清水轻轻淘洗干净。

❹ 紫糯米放入电饭煲，加入椰奶，选择精煮方式。

❺ 待紫米饭煮好，加入白砂糖，用饭铲拌匀散热。

❻ 盛出，点缀芒果粒，淋椰浆即可。

烹饪秘籍

选择成熟度刚刚好的芒果。去皮、切块都很容易，口感也好。

懒人贴士

用电饭锅做个甜品，简单好操作，还没有那么多要洗刷的工具。

CHAPTER 3 高纤生活——营养饱腹，无负担

杂粮煎饼卷

全能美味，新鲜卷起来

特色

山东煎饼真是一个被低估了的快捷食品。用的面粉还是健康的粗粮，有豆面的、小米面的、紫米面的、玉米面的……单吃都好吃，再卷着各种菜在一起，美味升级。

做法

❶ 小葱洗净，切末。

❷ 鸡蛋磕入碗中打散，加盐、牛奶、小葱末搅匀。

❸ 玉子烧锅加食用油烧热，放入蛋液，碗底留下一点蛋液。

❹ 将锅中的蛋液煎成厚蛋饼。

❺ 把山东煎饼铺在砧板上，中间放蛋饼，将煎饼切成比厚蛋饼稍大的尺寸。

❻ 将煎饼卷起，接口处抹剩余的蛋液。

❼ 封口处向下，放入不粘锅，将煎饼卷煎至两面金黄。

❽ 取出煎饼卷，切段即可。

主料

山东煎饼1张 / 鸡蛋2个

辅料

食用油15毫升 / 盐1/2茶匙 / 牛奶30毫升 / 小葱20克

烹饪秘籍

卷起的那边煎饼可以稍微长一些，这样卷过去才能对接上，方便封口。

懒人贴士

可以买现成的山东煎饼，是即食食品，非常方便。

20分钟 简单

猪肚拌荞麦面
吃碗面也是有讲究的

特色

猪肚的嚼劲加上荞麦面的清香，浇上简单美味的调料，清清爽爽，营养健康，很适合在炎热的夏天来一盘。

主料

熟猪肚 100 克 / 荞麦面 100 克

辅料

香油 1 茶匙 / 蒸鱼豉油 1 汤匙 / 白砂糖 1/2 茶匙 / 白胡椒粉 1/2 茶匙 / 大蒜 10 克 / 香菜 10 克 / 小米辣 10 克

做法

❶ 猪肚切细条，大蒜压成蒜泥，香菜切段，小米辣切圈。

❷ 汤锅加足量清水烧开，放入荞麦面煮至九成熟。

❸ 捞出荞麦面，过冷水，控干水分备用。

❹ 在大沙拉碗中加入所有材料，拌匀即可。

烹饪秘籍

荞麦面煮好，放流动水下用手轻轻搓洗，将表面淀粉都洗掉，吃起来口感更清爽。

懒人贴士

超市能很方便地采购肉类的熟食，简单煮个杂粮面，拌一拌就是一餐。

特色

有句话叫"手中有粮，心里不慌"。打开橱柜，让我们的豆子罐头做一次主角，搭配上蔬菜，淋上健康沙拉汁，几下就拌出一个完美沙拉。

主料

罐头鹰嘴豆 80 克 / 罐头红腰豆 80 克 / 罐头白豆 80 克 / 黄瓜 50 克 / 紫洋葱 50 克 / 欧芹叶 10 克

辅料

橄榄油 1 汤匙 / 海盐 1/2 茶匙 / 黑胡椒碎 1/4 茶匙 / 柠檬汁 1/2 茶匙 / 意式干香草碎 1/2 茶匙

⏱ 15 分钟
👨‍🍳 简单

拌杂豆沙拉
豆子的遐想

做法

❶ 黄瓜洗净、切丁，紫洋葱切细丝，欧芹叶切末。

❷ 将橄榄油、海盐、黑胡椒碎、柠檬汁、意式干香草碎放入小碗中搅匀。

❸ 大沙拉碗中放入三种豆子、黄瓜丁、紫洋葱丝、欧芹碎。

❹ 淋上调好的沙拉汁，拌匀即可。

烹饪秘籍

如果怕洋葱辛辣，可以将洋葱丝用清水冲洗一遍，控干水分再用。

懒人贴士

豆子是有营养的粗粮，不想自己煮，也可以买罐装豆子。

ⓒ 20分钟
简单

农家杂薯

健康食物来袭

特色

都知道吃薯类对身体好，可是蒸一点红薯又怕麻烦。用微波炉加平底锅这种方法，烹饪一两个红薯最方便了。既缩短了烹饪时间，又保留住了更多营养。

主料

红薯 100 克 / 紫薯 100 克 / 芋头 100 克

做法

❶ 将红薯、紫薯、芋头仔细清洗干净表面泥土。

❷ 连皮切2厘米的厚片。

❸ 平放在可微波的盒子中，覆盖两层打湿的厨房纸。

❹ 放入微波炉，高火加热5分钟。

❺ 取出杂薯，平放在不粘平底锅内。

❻ 盖盖，小火干煲。每面4分钟至表面金黄即可。

烹饪秘籍

清洗薯类外表的泥土，可以先浸泡一会儿，再戴塑胶手套搓洗。

懒人贴士

夏天在厨房使用蒸锅尤其闷热，用这种省时省力的方式就好多了。

特色

橙汁能给红薯加点婉转的味道，很少的一点海盐却时刻提点味蕾。红薯里有满满的粗纤维，是让我们保持肠道活力的好朋友。

主料

红心红薯 300 克

辅料

橄榄油 1 汤匙 / 海盐 1/4 茶匙 / 红椒粉 1/4 茶匙 / 橙汁 2 汤匙 / 蜂蜜 1 汤匙

40 分钟
简单

橙汁蜜烤红薯
午后点心的好选择

做法

❶ 烤箱预热200℃，烤盘垫烘焙纸。

❷ 红薯洗净，去皮，切长条。

❸ 将红薯条放入烤盘，加橙汁、蜂蜜、橄榄油拌匀。

❹ 放入烤箱中层，烤25分钟左右。

❺ 取出烤盘，撒海盐、红椒粉拌匀即可。

烹饪秘籍

红薯烤 20 分钟就熟了，喜欢软一点的，可以早点取出来。喜欢边上焦脆口感的，就再多烤一会儿。

懒人贴士

红薯宜咸宜甜，怎么吃都好吃，用烤箱烤一烤更方便。

CHAPTER 3 高纤生活——营养饱腹，无负担

黄油锡纸烤玉米

被软化的脆甜更美味

特色

锡纸包裹住了所有的美味。刚烤好的玉米，打开锡纸的一刹那，香气扑鼻，甜中带鲜，汁水丰盈。

主料

新鲜玉米 2 根

辅料

黄油 40 克 / 帕马森干酪粉 10 克 / 红椒粉 1/4 茶匙

做法

❶ 玉米剥去外皮，清理干净玉米须。黄油室温软化。烤箱预热190℃。

❷ 将软化黄油、帕马森干酪粉、红椒粉放入小碗中拌匀。

❸ 每根玉米切成2厘米厚的段，切好后保持顺序不变。

❹ 烤盘铺两张锡纸，分别放上玉米段。刷上黄油奶酪酱。

❺ 用锡纸包裹严密，封口向上。

❻ 放入烤箱，烤20分钟即可。

烹饪秘籍

玉米切成短一点的段，拿着方便，吃着也方便。

懒人贴士

烤箱就是那种放进去就不用操心的厨房烹饪工具。

特色

能整个烹饪，就不切碎，制作上
特别简单，还能最大限度地保留
营养，真是懒人有懒福啊。

主料

贝贝南瓜1个

辅料

橄榄油适量

烤小南瓜

整个美味端上桌

做法

❶ 贝贝南瓜洗净，擦干水
分，切掉顶部。

❷ 烤盘铺锡纸，放入南瓜，
在南瓜表面淋橄榄油并涂抹
均匀。

❸ 将烤箱的烤网调至下层，
放入烤盘。

❹ 烤箱温度设置180℃，烤40
分钟即可。

烹饪秘籍

南瓜外皮很硬，特别不好切
开，所以选小南瓜整个烤，
安全又好吃。

懒人贴士

这样烤南瓜，简单到只
需要等待了。

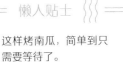

🕐 30 分钟
♨ 适中

牛蒡口袋面包

包裹起来的美味与心意

做法

❶ 牛蒡洗净、去皮、擦丝，泡入清水中备用。胡萝卜洗净、去皮、擦丝。

❷ 炒锅烧热，加食用油，放入干辣椒丝炝锅。

❸ 加入牛蒡丝、胡萝卜丝炒香。

❹ 淋入生抽、味醂、米酒，加白砂糖翻炒均匀。

❺ 加1汤匙清水，转小火，盖盖焖2分钟。

❻ 转中火，开盖收干汤汁。

❼ 关火，加入芝麻、香油拌匀，晾凉备用。

❽ 将一片面包放在口袋面包模上，中间铺上炒牛蒡胡萝卜丝。

❾ 盖上另一片面包片，用口袋面包模具压紧即可。

特色

夹入存在感极强的牛蒡，将三明治做成口袋面包的形式，方便携带食用。这个组合就是日式的粗纤维吃法。牛蒡含有多种维生素、矿物质和人体必需的多种氨基酸，一直都是被推崇的健康食物。

主料

吐司面包片4片 / 牛蒡120克 / 胡萝卜70克

辅料

食用油2茶匙 / 香油1/2茶匙 / 生抽2汤匙 / 味醂2汤匙 / 米酒2汤匙 / 白砂糖2茶匙 / 芝麻5克 / 干辣椒丝2克

烹饪秘籍

吐司片稍微加热后，更容易压成形。

懒人贴士

相比好几层的吐司三明治，用模具夹一夹就好的口袋面包更好操作。

纤维蔬菜磅蛋糕

可以做主食的蛋糕

⏱ 1小时
☕ 适中

做法

❶ 芦笋切去老根，胡萝卜切粒，甜椒切粒。

❷ 圣女果对半切开，西葫芦切薄片，作为表面装饰使用。

❸ 烤箱预热180℃。磅蛋糕模具垫烘焙纸。

❹ 低筋面粉过筛，加入泡打粉、奶酪粉、洋葱粉拌匀。

❺ 料理盆中磕入鸡蛋打散，加牛奶、色拉油、盐、黑胡椒碎，快速搅打至水油混合。

❻ 加入混合好的粉类，用刮刀翻拌至看不到面粉即可。

❼ 将切好的胡萝卜粒、甜椒粒放入面糊，翻拌均匀。

❽ 将一半面糊倒入模具，铺上整根芦笋。倒入剩余面糊，轻轻震动模具，排出面糊内的气泡。

❾ 表面装饰圣女果和西葫芦片。放入烤箱，烘烤60分钟。

❿ 取出后立刻脱膜，放在晾架上晾凉即可。

特色

整根的芦笋含有丰富的粗纤维，再加上多种蔬菜，营养够全面。内容丰富、颜值一流的纤维蔬菜磅蛋糕，做一个可以成为一周的储备粮了。

主料

低筋面粉 120 克 / 奶酪粉 50 克 / 鸡蛋 2 个 / 芦笋 50 克 / 胡萝卜 50 克 / 甜椒 50 克 / 圣女果 30 克 / 西葫芦 30 克

辅料

色拉油 70 克 / 牛奶 70 毫升 / 泡打粉 5 克 / 盐 1 茶匙 / 洋葱粉 1 茶匙 / 黑胡椒碎 1/4 茶匙

烹饪秘籍

用圣女果装饰蛋糕时，切面向上放，方便烤干其中的汁水。

懒人贴士

虽然做一次看起来挺多步骤的，可是一条可以吃好几天，总的来说还是方便的。

杂蔬粗粮迷你挞

精致的潮流小点

1小时
适中

特色

没有自己做挞皮的烦恼，只需放上馅料，摆上美美的蔬菜，送进烤箱就可以啦。一个小小的挞皮上汇聚了多种蔬菜，加入玉米粉平衡质感，增加粗粮的摄入。

做法

❶ 西葫芦、南瓜、甜椒、西蓝花洗净，控干水分。

❷ 西葫芦切扇形厚片，南瓜切4厘米长的片，甜椒切块，西蓝花掰成小朵。

❸ 将所有蔬菜放入大沙拉碗中，加入橄榄油、盐、黑胡椒碎和帕马森干酪碎拌匀。

❹ 在小料理盆中加入鸡蛋液、马苏里拉奶酪碎、牛奶、玉米面搅拌均匀。

❺ 烤箱预热200℃，将挞皮摆放入烤盘。

❻ 把玉米面糊倒入蛋挞皮，装六分满即可。

❼ 摆上拌好的蔬菜，撒上碗中剩余的帕马森干酪碎。

❽ 放入烤箱中层烤20分钟即可。

主料

冻蛋挞皮6个 / 小西葫芦50克 / 贝贝南瓜50克 / 甜椒50克 / 西蓝花50克 / 玉米粒40克

辅料

橄榄油1汤匙 / 盐1/2茶匙 / 黑胡椒碎1/2茶匙 / 帕马森干酪碎30克 / 马苏里拉奶酪碎40克 / 玉米面20克 / 鸡蛋液30毫升 / 牛奶60毫升

> ### 烹饪秘籍
>
> 可以将冻蛋挞皮换成冻比萨饼皮，玉米面糊换成番茄意面酱，稍作修改就变成杂蔬比萨啦。

 懒人贴士

有了现成的派皮，做什么都变得简单了。

⏱ 20 分钟
🍲 简单

油醋黑麦面包粒
品一品粗粮面包的新变化

特色

黑麦面包富含的膳食纤维比较多，粗糙不好入口，切成小粒，煎得焦焦脆脆的，搭配蔬菜、水果、奶酪，可以说是又营养又好吃。

主料

黑麦面包 2 片 / 圣女果 60 克 / 青苹果 50 克 / 奶酪粒 50 克

辅料

橄榄油 1 汤匙 / 意式油醋汁 1 汤匙 / 柠檬汁 1/2 茶匙 / 罗勒叶 10 克

做法

❶ 黑麦面包片切小块。

❷ 圣女果对半切开，去子、切块。

❸ 青苹果洗净，切粒，拌入柠檬汁备用。

❹ 不粘锅加橄榄油，放入黑麦面包粒，两面煎至焦脆。

❺ 将面包粒、圣女果粒、青苹果粒、奶酪粒放入大沙拉碗中拌匀。

❻ 淋油醋汁，点缀罗勒叶即可。

烹饪秘籍

圣女果的汁水较多，为了保持面包的酥脆，要把内瓤的子和汁去掉。

懒人贴士

简单地将面包粒煎一煎，也不是很麻烦，味道可就提升了好几个级别啦。

特色

大地色的健康全麦面包加上绿色的牛油果，放上一颗完美煎蛋，太好看了，太美味了，必须拍照炫耀一下啊。粗纤维、维生素、蛋白质、高颜值，全齐了。

主料

牛油果 1/2 个 / 可生食鸡蛋 1 个 / 全麦面包 1 片

辅料

橄榄油 3 毫升 / 海盐 1/4 克 / 黑胡椒碎 1/4 茶匙 / 红椒粉 1/4 茶匙 / 柠檬汁 1/4 茶匙 / 奶酪酱 1 茶匙

⏱ 15 分钟
🍳 简单

牛油果泥全麦三明治

最耀眼的主角

做法

❶ 牛油果沿着果核深切一圈，拧开。撕去果皮，挖去果核。

❷ 把牛油果放入沙拉碗中，加柠檬汁，用叉子碾碎备用。

❸ 不粘锅烧热，加橄榄油，打入鸡蛋，调中小火煎至蛋白定形，盛出备用。

❹ 在全麦面包上均匀涂抹奶酪酱。

❺ 铺上牛油果泥，撒红椒粉及一半海盐，一半黑胡椒碎。

❻ 再放上煎蛋，撒另一半海盐和黑胡椒碎即可。

烹饪秘籍

剩余的牛油果可以用保鲜膜包裹好，放冰箱冷藏保存。

懒人贴士

开放式三明治只需简单地叠加就可以完成，非常简单好做。

CHAPTER 3 高纤生活——营养饱腹，无负担

培根玉米发糕

东西合璧之美

特色

玉米粉发糕也是可甜可咸的。加入一点培根，给玉米发糕赋予了另外一种味道。松软的玉米发糕，带着丝丝咸味，每一口都能咬到咸香的培根粒，让人百吃不腻。

做法

❶ 培根切粒，放入不粘锅煎至金黄，晾凉备用。

❷ 料理盆中加入玉米面、中筋面粉、酵母粉、盐、白砂糖。

❸ 加入鸡蛋、牛奶、培根粒，搅拌成均匀的面糊。

❹ 电饭锅蒸屉底部和侧面铺烘焙纸，倒入玉米面糊。

❺ 电饭锅内加入适量温水。

❻ 将蒸屉放入电饭锅，选择保温模式，将面糊发酵至两倍大。

❼ 选择蒸煮模式，大约用时1小时。

❽ 蒸好后，闷5分钟，取出发糕晾凉即可。

主料

玉米面 125 克 / 中筋面粉 125 克 / 培根 50 克 / 鸡蛋 1 个 / 牛奶 200 毫升

辅料

盐 1/2 茶匙 / 白砂糖 10 克 / 酵母粉 5 克

烹饪秘籍

培根煎出的油，也可以一起放入面糊，蒸出的发糕更松软。

  懒人贴士

只需要一个搅拌盆，剩下的都交给电饭锅完成，这真是最简单的发糕完成法。

⏱ 1小时
🌡 适中

香草烤薯角
属于自己的健康小零嘴

特色

土豆既可以当菜，又可以当主食，是营养易做的好食材。烤好的薯角，边缘金黄焦脆，内里酥松绵软。少油烹饪怎么做都好吃，当做零嘴又很健康。

主料

土豆 300 克

辅料

橄榄油 1 汤匙 / 海盐 1/2 茶匙 / 黑胡椒碎 1/2 茶匙 / 红椒粉 1/2 茶匙 / 新鲜迷迭香 2 根

做法

❶ 烤盘铺烘焙纸，烤箱预热200℃。

❷ 用百洁布粗糙的一面将土豆刷洗干净。迷迭香洗净，掰成段。

❸ 将土豆均匀地切分成一角一角的形状。

❹ 把切好的土豆放入烤盘，加橄榄油、海盐、黑胡椒碎、迷迭香，抓匀。

❺ 放入烤箱中层，烤30分钟左右，烤至薯角的边缘呈焦黄色。

❻ 取出后撒红椒粉即可。

烹饪秘籍

新鲜的迷迭香可用干迷迭香碎代替，只需在土豆快烤好时拌入即可。

懒人贴士

在烤盘里拌一拌，烤箱里烤一烤，撤掉烘焙纸，连烤盘都不用刷。

享受补水——
简单清爽，好滋润

番茄蛋花汤

🕐 15 分钟
🍴 适中

家的味道，我也能做

做法

❶ 番茄洗净，在顶部划十字刀。小锅加清水烧开，放入番茄，烫至表皮裂开。

❷ 捞出番茄，去皮、去蒂，切小块。

❸ 鸡蛋磕入碗中，加香油充分打散。淀粉加少许清水，调成水淀粉。

❹ 炒锅加食用油烧热，放入番茄块，炒出茄汁。

❺ 加入600毫升清水，大火烧开，转中火煮5分钟，加入盐、白砂糖、鸡粉调味。

❻ 转大火，将水淀粉淋入汤锅内，搅匀勾薄芡。

❼ 保持大火，顺着筷子转圈淋入鸡蛋液。

❽ 待蛋液稍稍定形即可关火，撒上白胡椒粉即可。

特色

番茄含有大量番茄红素、维生素、胡萝卜素、叶酸及微量元素，是国际公认的好食材。怀念着小时候的味道，一步一步做出一碗温暖可口的番茄蛋花汤。

主料

番茄200克 / 鸡蛋1个

辅料

食用油1茶匙 / 香油1/4茶匙 / 盐1/2茶匙 / 白砂糖1茶匙 / 鸡粉1/4茶匙 / 白胡椒粉1/4茶匙 / 淀粉2茶匙

> **烹饪秘籍**
>
> 可以用鸡汤、肉汤、高汤代替清水，味道更丰富。
>
>

> ——— 懒人贴士 〰〰〰
>
> 如果是自家吃，不介意番茄皮的话，不去皮就更简单了。

黄瓜片汤

味道清新的家常汤

特色

这是一款清淡却不失滋味的家常基础汤，带有清香的气息。用点小心思，让榨菜给黄瓜汤加点回味，轻轻松松，便做出美味的快手汤。

做法

❶ 黄瓜洗净，用刮皮器刮成长条。

❷ 圣女果洗净，对半切开；香菜洗净，切末。

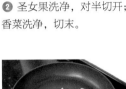

❸ 鸡蛋磕入碗中，加香油充分打散。

❹ 炒锅烧热，加食用油，放入榨菜煸炒出香味。

❺ 加600毫升清水，放入圣女果烧开，中火煮5分钟。

❻ 转大火，将蛋液沿着筷子转圈淋入汤锅。

❼ 待蛋液定形，放入黄瓜片、香菜末即可关火。

主料

黄瓜1根 / 圣女果4个 / 鸡蛋1个 / 榨菜20克

辅料

食用油1茶匙 / 香油1/4茶匙 / 香菜10克

烹饪秘籍

黄瓜选嫩一点的，中间子少，刮出来的片比较完整。

懒人贴士

用刮皮器刮出来的黄瓜片薄厚均匀，堪比大厨的刀工。

CHAPTER 4 享受补水——简单清爽，好滋润

⏱ 15 分钟　👨‍🍳 简单

萝卜丝汤

朴素范儿，味觉逆袭

特色

从维生素和矿物质的含量来说，青萝卜的营养价值高于白萝卜，味道更清甜，做汤颜值也高。汤里的虾干鲜甜有嚼劲，萝卜清脆、水分足，将这两样食材放在一起，即鲜美又和谐。

主料

青萝卜 100 克 / 大虾干 2 个

辅料

食用油 1 茶匙 / 盐 1/2 茶匙 / 胡椒粉 1/4 茶匙

做法

❶ 虾干用温水泡软，去壳，擦干水分。

❷ 青萝卜洗净、去皮，擦成细丝。

❸ 炒锅烧热，加食用油，放入虾干煸炒出香味。

❹ 加600毫升清水烧开，中火煮5分钟。

❺ 放入萝卜丝煮软。

❻ 加盐、胡椒粉调味即可。

> **烹饪秘籍**
>
> 将辛辣的萝卜外皮多去掉些，汤味更清甜。去掉的萝卜皮可以腌个小菜。

> **懒人贴士**
>
> 自带鲜味的虾干，只需放极少的材料就能做出一碗鲜美的汤。

特色

吃大量蔬菜有利于补充多种维生素，给身体提供丰富的营养。利用百搭的番茄打底，将多种蔬菜就这么简简单单地一煮，一碗高颜值的蔬菜汤，营养美味全收获。

主料

去皮番茄罐头 100 克 / 菜花 40 克 / 西芹 40 克 / 土豆 40 克 / 洋葱 40 克 / 胡萝卜 40 克

辅料

食用油 1 汤匙 / 盐 1/4 茶匙 / 黑胡椒碎 1/4 茶匙 / 牛肉高汤块 1/2 个

⏱ 30 分钟
🍲 简单

番茄杂蔬汤
心情像花儿一样盛开

做法

❶ 所有蔬菜洗净，切成大小一致的块。

❷ 高边汤锅烧热，加入食用油，将蔬菜块放入翻炒出香味。

❸ 加入去皮番茄罐头和清水600毫升烧开，放入高汤块。

❹ 中小火煮15分钟至土豆熟透。

❺ 加盐、黑胡椒碎调味即可。

烹饪秘籍

如果使用新鲜的番茄代替番茄罐头也可以，要挑选熟透的做汤会比较好。

懒人贴士

番茄罐头使用起来特别方便，省去了洗、切、去皮的过程。

酸辣牛丸汤

火辣热烈，滋味生动

特色

野山椒的酸辣，酸菜的鲜爽，再加一把韭黄来提味。辣得够香，酸得够劲。搭配这样酸辣开胃的汤底，使得牛肉丸口感更加有层次。有些汤光听名字，就是一种诱惑。

做法

❶ 酸菜切大片，韭黄洗净、切段。

❷ 淀粉放入小碗，加少许清水调成水淀粉。

❸ 炒锅烧热，加入食用油，放酸菜、野山椒炒香。

❹ 倒入600毫升清水烧开，加入牛肉丸，中火煮熟。

❺ 挑出酸菜不要，加盐、白砂糖调味。

❻ 转大火，倒入水淀粉勾薄芡。

❼ 将切好的韭黄加入稍滚，淋白醋，撒白胡椒粉即可关火。

主料

冻牛肉丸 100 克 / 韭黄 30 克 / 酸菜20 克 / 野山椒 10 克

辅料

食用油 1 茶匙 / 盐 1/2 茶匙 / 白砂糖1/2 茶匙 / 白醋 1 汤匙 / 白胡椒粉 1/2 茶匙 / 淀粉 2 茶匙

烹饪秘籍

可以选择潮汕冻牛肉丸，煮熟后弹牙爽口。

懒人贴士

冰箱里时常储备点方便烹饪的肉食，就能随时享用快捷美味啦。

⏱ 15分钟
☺ 简单

青菜鱼丸竹荪汤

优质食材造就一碗好汤

特色

竹笋很适合炖汤。一碗简单的汤，汇集山珍海味，既大饱口福，又营养全面。还有个小秘密：可以用西班牙火腿作为提鲜的火腿哦！

主料

冻鱼丸 100 克 / 竹荪 30 克 / 金华火腿 30 克 / 油菜心 30 克

辅料

盐 1/4 茶匙 / 鸡粉 1/4 茶匙

做法

❶ 竹荪用清水泡发，切段。

❷ 油菜洗净，取嫩叶；火腿切丝。

❸ 汤锅加清水600毫升煮沸。

❹ 下鱼丸、竹荪、火腿丝、鸡粉，中火煮5分钟。

❺ 汤锅内加盐调味。

❻ 放入小油菜叶稍煮，即可关火。

烹饪秘籍

想要食材浮在汤面上，可以用水淀粉勾薄芡。

懒人贴士

新鲜的竹荪时令性很强，使用干竹荪既容易泡发，又不受季节限制。

特色

一碗温暖的南瓜羹下肚，整个人都滋润起来。纯纯的南瓜羹，只添加了胡萝卜同煮，丰富的β胡萝卜素是护眼的小帮手。还有丰富的维生素C及膳食纤维，真是一点都不简单。

主料

黄南瓜250克 / 胡萝卜50克

烹饪秘籍

南瓜煮好以后，稍微放凉，放入料理机里打成糊也可以。

南瓜羹

细滑温润，营养尽享

做法

❶ 将南瓜表面刷洗干净，去掉表面硬皮，胡萝卜洗净、去皮。

❷ 南瓜和胡萝卜切成大小均匀的小块。

❸ 在汤锅内加入南瓜块、胡萝卜块、250毫升清水。

❹ 大火烧开，盖盖，转小火煮15分钟，至南瓜软糯。

❺ 用手持料理棒在锅中将南瓜打成细腻的糊即可。

懒人贴士

平时多煮出一些南瓜，需要的时候用料理机打一打就是一碗南瓜羹。

CHAPTER 4 享受补水——简单清爽，好滋润

预约杂粮粥

⏱ 10 分钟
🍲 简单

享受快捷美味

特色

全谷物、糙米、糯米、豆类、干果、坚果、种子等，随心搭配出一小罐杂粮。可以给老人搭配软糯易消化的，给孩子搭配香甜细滑的，减脂期间搭配饱腹感强的……需要煮粥的时候，取一份出来就是了，特别方便。

主料

燕麦 20 克 / 小麦仁 20 克 / 糯米 20 克 / 花豆 10 克 / 绿豆 10 克 / 黄豆 10 克 / 花生米 5 克 / 黑米 5 克 / 红枣 5 克

烹饪秘籍

放点糯米是为了增加粥的黏性，使粥更好喝。利用预约的时间正好可以泡发黄豆。夏季做杂粮粥时，放入杂粮、水之后，开启煮饭程序，待水沸腾以后结束程序，不要开盖。接着重新预约，设定好第二天的时间即可。这样可以起到杀菌的作用。

做法

❶ 将所有杂粮混合，放入盆中洗净。

❷ 放入电高压锅，倒入800毫升清水。

❸ 选择预约煮杂粮粥程序，设定好时间，待程序结束即可。

懒人贴士

利用电压力锅煮粥，前后时间加起来也就 10 分钟。一点儿也不占用早晨的宝贵时间。

特色

豆浆本身营养丰富，再加上多种米搭配，很容易就让这碗粥成为能量和美味的主力军。豆浆多米粥还能降低消化速度，提升饱腹感，滋润补水。

主料

大米 25 克 / 小米 25 克 / 藜麦 20 克

辅料

豆浆 800 毫升

豆浆多米粥
食粥养生计划

做法

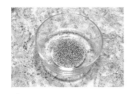

❶ 大米、小米洗净，藜麦洗净、泡水。

❷ 豆浆加入汤锅内，中火煮开。

❸ 加入大米、小米，搅拌至沸腾。

❹ 转小火，锅盖下放一双筷子，煮15分钟。

❺ 加入藜麦，继续煮10分钟即可。

烹饪秘籍

刚巧没有豆浆的时候，就用清水煮也可以，煮好以后加点豆浆粉拌匀。

懒人贴士

利用豆浆煮粥，与平时正常煮粥是一样方便的，还更营养。

钢切燕麦牛奶粥

完美燕麦出场

🕐 30 分钟
🍳 简单

特色

钢切燕麦保留了燕麦的全部营养。这样超级简单、超级健康的燕麦粥,可以搭配水果、坚果碎、干果等,一碗吃出多种营养,还极为饱腹。

主料

钢切燕麦 80 克 / 牛奶 200 毫升

做法

❶ 将燕麦和250毫升清水放入电饭锅。

❷ 选择蒸饭程序煮燕麦粥。

❸ 将煮好的燕麦粥盛入汤锅内。

❹ 加入牛奶搅拌均匀,小火煮2分钟。

❺ 关火闷20分钟即可。

烹饪秘籍

如果用普通锅煮粥,可在水开后关火泡 30 分钟后再煮。

懒人贴士

燕麦可以提前多煮一些,随吃随用也很方便。

特色

海鲜不是随时随地都可得到，放在橱柜里的瑶柱却随手可得，10分钟就可以做出一锅绵密鲜美的粥。瑶柱给粥带来浓缩的海洋味道。细滑的粥裹着海的味道，挑逗你的味蕾。

主料

大米 50 克 / 瑶柱 10 克

辅料

香油 1/2 茶匙 / 盐 1/4 茶匙 / 小葱 5 克

🕐 20 分钟
简单

快煮瑶柱粥

可以信赖的快手粥

做法

❶ 大米洗净，放置30分钟，装入保鲜袋，放冰箱冷冻过夜。

❷ 将瑶柱放入小碗中，加热水，泡至瑶柱变软之后碾碎。小葱切末。

❸ 粥锅加入600毫升清水烧开。

❹ 加入冻大米和瑶柱碎搅拌均匀。

❺ 中火煮10分钟，期间不时搅拌。

❻ 最后加香油、盐搅匀，撒小葱粒即可。

烹饪秘籍

大米可以多洗些，分几份冻在冰箱里，需要做粥时，非常快手。

懒人贴士

经过冷冻的大米，煮粥时间缩短一倍，是自制的快手食材。

山芋冰粥

慢生活，真美味

1小时

简单

特色

夏季在冰箱里冷藏一碗山芋冰粥，饥饿时美味饱腹，嘴馋时就是一份冰镇甜品。既满足了口福，又增加了粗纤维，补充了水分。

主料

大米 30 克 / 糯米 30 克 / 红心红薯 50 克

辅料

片糖 10 克

做法

❶ 大米、糯米洗净。红薯去皮、洗净，切大块，泡入清水中。

❷ 将大米、糯米放入电饭锅，加600毫升清水，开启煮粥程序。

❸ 待米粥煮到一半时间时，加入红薯块和片糖。

❹ 煮好的粥放至常温，再放入冰箱冷藏30分钟即可。

烹饪秘籍

添加一点糯米煮的粥特别细滑，适合放冰箱冷藏。

懒人贴士

只要正确使用，电饭锅几乎不会出错的，非常省心。

特色

粥本来是寡淡的味道，加了蔬菜就不同了，多了一份清香，还吃到了蔬菜，增加了更多的营养。木耳菜也叫落葵，听了这么有古意的名字，是不是更想煮上一碗了？

主料

大米 70 克 / 木耳菜 40 克

辅料

盐 1/2 茶匙 / 胡椒粉 1/4 茶匙 / 鸡粉 1/4 茶匙 / 姜 2 克

⏱ 30 分钟
🍲 简单

木耳菜粥
滑溜溜的鲜爽粥

做法

❶ 木耳菜洗净，切成细末；姜切细丝。

❷ 大米淘洗干净，放入电饭锅。

❸ 加600毫升清水，选择煮粥程序煮成粥。

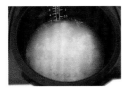

❹ 大米粥煮好后，再次按下煮饭键，保持沸腾。

❺ 加入木耳菜和所有调料，搅匀，煮30秒即可。

烹饪秘籍

加入青菜后，为了保持青菜翠绿，就不要再盖锅盖了。

懒人贴士

用电饭锅煮粥，只需按下煮粥键就好，是最适合懒人的做法啦。

⏱ 20分钟
🍲 简单

细玉米面粥
中式好粥，营养轻身

特色

只需要用一点点时间，在炉火上煮一煮就好啦。热乎乎的粥，配馒头、配小菜，很是舒适。微微放凉后的粥，大口喝下肚，带给你饮料无法比的踏实感。

主料

特细玉米面 30 克

烹饪秘籍

掌握水粉的比例是 20：1，就可以做出浓稠合适的玉米面粥。

做法

❶ 在量杯中量出600毫升清水。用小碗量出30克玉米面。

❷ 将大部分清水加入汤锅中，留下大约50毫升水。

❸ 将留下清水加入玉米面中，用筷子搅拌均匀。

❹ 将汤锅内的水烧开。

❺ 一边将玉米面糊缓缓倒入锅中，一边用筷子不断搅拌。

❻ 煮沸后转小火，不盖盖煮10分钟即可。期间不时搅拌。

懒人贴士

因为煮这类面糊粥很容易溢锅，所以不要使用电饭锅、高压锅。

特色

各种水果洗洗切切搭配起来，装成小份，放冰箱冷冻，需要的时候拿出来加点牛奶啦、酸奶啦，分分钟就能做成一杯富含维生素的冻水果奶昔。真是清凉爽口又简单便捷。

主料

芒果 50 克 / 草莓 50 克 / 菠萝 50 克 / 哈密瓜 50 克

辅料

酸奶 100 克

🕐 15 分钟
☕ 简单

冻水果奶昔
最有魅力的时刻

做法

❶ 芒果、菠萝去皮，切块。哈密瓜去皮、去子，切块。

❷ 草莓洗净，去蒂，用厨房纸擦干水分，切块。

❸ 将水果块松松地放入保鲜袋，放冰箱冷冻。

❹ 取出冰箱里冻硬的水果块，放入料理机。

❺ 加入酸奶，开启程序，高速打成奶昔状即可。

烹饪秘籍

做冷冻水果奶昔的时候，尽量使用功率比较大的料理机。

懒人贴士

料理机用完一定要马上清洗，这方面偷懒，就是给自己制造麻烦啊。

⏱ 10 分钟
👨‍🍳 简单

牛油果抹茶豆浆

绿意盎然，简单美好

特色

从苹果里面获取膳食纤维，在牛油果那里得到奶油般的口感，豆浆则带来丰富的营养。简单而美好的健康生活，就需要这样一杯饮品。

主料

牛油果 1/4 个 / 苹果 1/2 个 / 豆浆 200 毫升

辅料

抹茶 3 克

烹饪秘籍

牛油果的口感比较厚重，要想获得清爽顺滑的口感，就不能放太多。

做法

❶ 牛油果去皮、去核，切块。苹果去皮、去核，切块。

❷ 将牛油果块、苹果块放入料理机。

❸ 加入抹茶，倒入豆浆。

❹ 开启程序，搅打至顺滑即可。

懒人贴士

买牛油果的时候，按"色号"买。翠绿、墨绿、黑褐色，这样每隔两天就可以享用一个成熟的果实啦。

特色

香蕉含有多种微量元素，能帮助肌肉松弛，是使人快乐的水果。加上芒果这个营养全面的热带水果。它们质地接近，味道不冲突，一起造就一杯夏天味道的椰子奶昔。

主料

香蕉 1/2 个 / 芒果 1/2 个 / 椰奶 200 毫升

⏱ 10 分钟
🍳 简单

香蕉芒果椰奶

热情芒果营养液

做法

❶ 香蕉去皮、切块。

❷ 芒果贴着核切下果肉，用刀尖在果肉部分横竖各划两刀，不划断果皮。

❸ 用勺子取出芒果肉，放入料理机，加入香蕉块，倒入椰奶。

❹ 开启程序，搅打至顺滑即可。

烹饪秘籍

先放固体食材，再加液体食材，可以避免汁水溅出来。

〰 懒人贴士 〰

教你一个懒人小妙招：可以将切下的芒果沿着料理机杯口刮下芒果肉，取下的果肉直接掉入料理机，十分省事。

蓝莓西柚豆奶

温润如她

⏱ 10 分钟
👨‍🍳 简单

特色

蓝莓和西柚都是营养又甜度底，适合减脂期食用的水果。它们圆圆的外表看起来萌萌的。为了健康好身材，咕嘟咕嘟大口喝起来吧。

主料

蓝莓 80 克 / 西柚 100 克 / 豆奶 200 毫升

做法

❶ 蓝莓洗净，用厨房纸吸干水分。

❷ 西柚剥去白色内膜，把果肉掰成块。

❸ 将蓝莓、西柚放入料理机，倒入豆奶。

❹ 开启程序，搅打至顺滑即可。

烹饪秘籍

蓝莓、西柚甜度不高，可以加点蜂蜜调和一下。

懒人贴士

其实什么奶都可以，豆奶只是提供给你一个思路。

特色

用来自同一个季节的水果做奶昔，既方便又经济实惠。应季的水果口感最好，所含的营养物质也最充足。

主料

桃1个 / 李子1个 / 醪糟汁200毫升

🕙 10分钟
🍲 简单

桃李醪糟汁
世外桃源的赐予

做法

❶ 桃、李子洗净、擦干。

❷ 用刀沿着水果的中心转圈切至果核，拧开，去核，切块。

❸ 将切好的桃子、李子放入料理机，倒入醪糟汁。

❹ 开启程序，搅打至细腻即可。

烹饪秘籍

如果是熟透的桃子，可以撕去外皮，让成品口感更细腻。

懒人贴士

有的桃子不是那么好离核，就将整个桃子切成一小瓣一小瓣的，慢慢掰下来就可以啦。

蜂蜜百香果水

助你多喝水的秘密武器

🕙 10 分钟
简单

特色

百香果这种滋味丰富的热带水果，含有多种香气物质，一个果子几乎拥有所有常见水果的香气，营养也极高，含有大量的膳食纤维、胡萝卜素、维生素C等，值得常备家中。

主料

百香果 1 个

辅料

蜂蜜 10 毫升 / 薄荷叶 2 片

烹饪秘籍

薄荷叶需要撕碎才能释放出薄荷的味道。

做法

❶ 百香果从中间切开。

❷ 用勺子挖出果肉，放入杯中。

❸ 薄荷叶撕碎，加入杯中，调入蜂蜜。

❹ 加200毫升温水，搅匀即可。

懒人贴士

取出百香果果肉，放入冰格，入冰箱冷冻，做成百香果冰块使用也很方便。

特色

要让自己变得水润，就要想方设法多喝水啊。做一壶美美的香草水果冰水，享用起来吧。

主料

草莓4个 / 黄瓜50克 / 青柠1个 / 薄荷叶30克 /

辅料

柠檬糖浆1汤匙

10 分钟
简单

香草水果冰水
端在手中的风景

做法

❶ 将草莓、黄瓜、青柠、薄荷叶洗净，用厨房纸擦干。

❷ 草莓去蒂，对半切开。黄瓜切厚片。青柠对半切开，再切厚片。

❸ 将所有食材放入玻璃冷水壶，加1000毫升纯净水。

❹ 放入冰箱冷藏半日即可。

烹饪秘籍

气泡水、雪碧都可以代替纯净水。

—— 懒人贴士 ——

自己做一壶简约风的冰水其实就这么简单。

CHAPTER 4 享受补水——简单清爽，好滋润

187

10 分钟
简单

雪梨牛奶杂粮思慕雪

将年轻活力进行到底

特色

杂粮粥本身就很有营养，搭配水果、牛奶做成思慕雪也十分好喝，还是一款营养全面、能饱腹的思慕雪。

主料

雪梨 1 个
杂粮稠粥 200 克 / 牛奶 100 毫升

辅料

杏仁粉 10 克 / 蜂蜜 5 毫升

做法

❶ 雪梨去皮、去核、切块。

❷ 料理机中依次加入雪梨、杂粮粥、杏仁粉、牛奶。

❸ 启动机器搅打成糊。

❹ 倒入容器，加蜂蜜调匀即可。

烹饪秘籍

想在杂粮思慕雪里增加一丝甜味，还可以加入椰枣、大枣、枸杞子等多种配料。

— 懒人贴士 —

提前煮些杂粮粥放冰箱里面存着，这款思慕雪做起来是非常快的。

特色

绿色蔬菜加水果，放在料理机里看起来是1:1的比例。一份容易入口的绿色思慕雪，就是这么简单，人人都可以做哦。经常喝绿色思慕雪，享受身材悄悄的变化吧。

主料

香蕉 1 根 / 苹果 1/2 个 / 菠菜叶 100 克 /

辅料

柠檬汁 5 毫升

⏱ 10 分钟
🍲 简单

香蕉苹果嫩菠菜思慕雪
身体"保鲜"计划

做法

❶ 香蕉去皮、切块；苹果去皮、去核、切块。菠菜叶洗净，控干水分。

❷ 在料理机里依次放入苹果块、香蕉块、柠檬汁、菠菜叶。

❸ 加入200毫升纯净水。

❹ 将食材搅打细滑即可。

烹饪秘籍

料理机里先放容易出水的食材，最后放比较轻的叶菜类，配合搅拌棒能更快搅打好思慕雪。

懒人贴士

一次不用放入太多种食材，这样既省事还容易控制味道。

系列图书

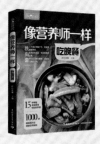

懒人下厨房系列

家常美食系列

图书在版编目（CIP）数据

萨巴厨房. 懒人健康菜 / 萨巴蒂娜主编. — 北京：
中国轻工业出版社，2019.3

ISBN 978-7-5184-2362-0

Ⅰ.①萨… Ⅱ.①萨… Ⅲ.①菜谱 Ⅳ.①TS972.12

中国版本图书馆 CIP 数据核字（2019）第 005846 号

责任编辑：高惠京　　责任终审：劳国强　　整体设计：锋尚设计
策划编辑：龙志丹　　责任校对：李　靖　　责任监印：张京华

出版发行：中国轻工业出版社（北京东长安街6号，邮编：100740）

印　　刷：北京博海升彩色印刷有限公司

经　　销：各地新华书店

版　　次：2019年3月第1版第1次印刷

开　　本：710×1000　1/16　印张：12

字　　数：200千字

书　　号：ISBN 978-7-5184-2362-0　定价：49.80元

邮购电话：010-65241695

发行电话：010-85119835　传真：85113293

网　　址：http://www.chlip.com.cn

Email：club@chlip.com.cn

如发现图书残缺请与我社邮购联系调换

181225S1X101ZBW